Christian Schlieder

Autodesk® AutoCAD® 2021

Grundlagen in Theorie und Praxis

Viele praktische Übungen am Beispiel „Digitale Fabrikplanung"

Christian Schlieder

Autodesk® AutoCAD® 2021

Grundlagen in Theorie und Praxis

Viele praktische Übungen am Planbeispiel
„Digitale Fabrikplanung"

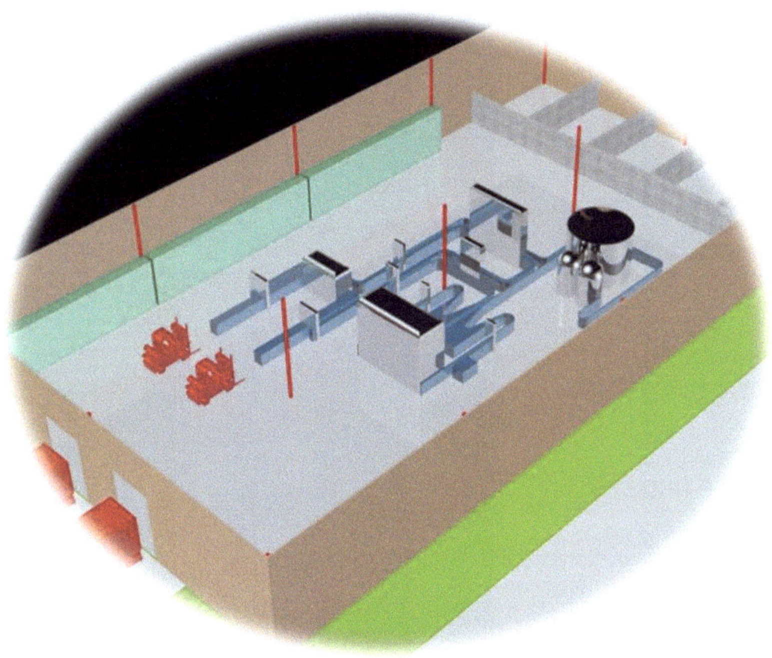

Alle im Buch enthaltenen Informationen wurden nach bestem Wissen und Gewissen geprüft. Da Fehler nicht ausgeschlossen werden können, übernehmen Autor und Verlag weder Verantwortungen, Verpflichtungen oder Garantien jeglicher Art, noch Haftung für die Benutzung der bereitgestellten Informationen.

Autor und Verlag übernehmen keine Gewähr dafür, dass die beschriebenen Vorgehensweisen oder Verfahren frei von Rechten Dritter sind.

Das Werk ist urheberrechtlich geschützt. Übersetzung, Nachdruck, Vervielfältigung, sonstige Verarbeitung des Buches oder von Teilen daraus sind ohne Genehmigung des Autors nicht erlaubt.

Autodesk® AutoCAD® 2021 ist ein eingetragenes Markenzeichen von Autodesk, Inc. und/ oder seiner Tochtergesellschaften und/oder der Tochterunternehmen in den USA und anderen Ländern.

ISBN

978-3-7519-6696-2

IMPRESSUM

Dipl.- Ing. Christian Schlieder
www.cad-trainings.de
Fax: +49 (0) 3212 - 1122290

HERSTELLUNG UND VERLAG

BoD- Books on Demand, Norderstedt
www.BoD.de

Die Bücher der Autodesk-Reihe:

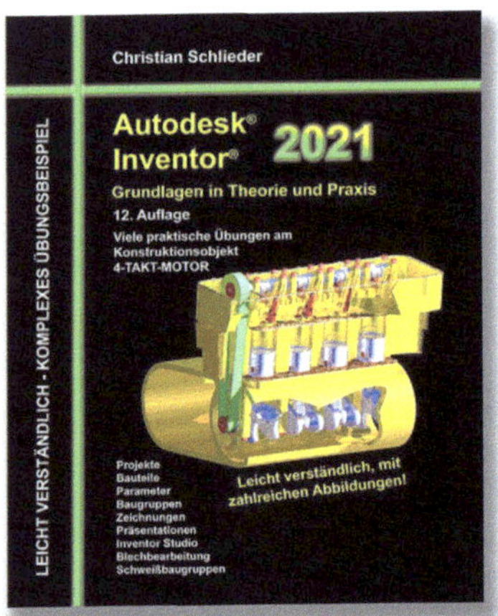

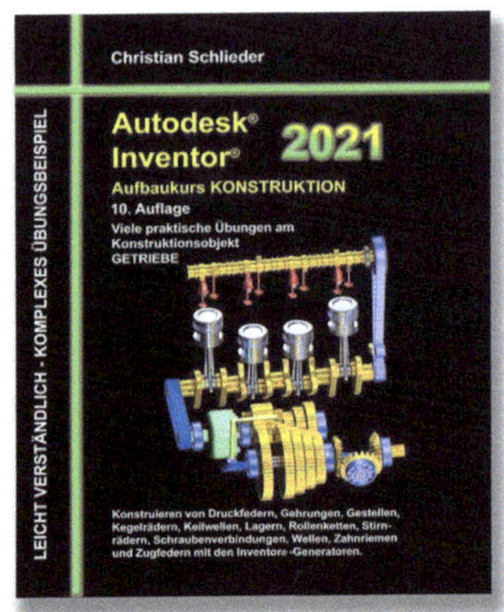

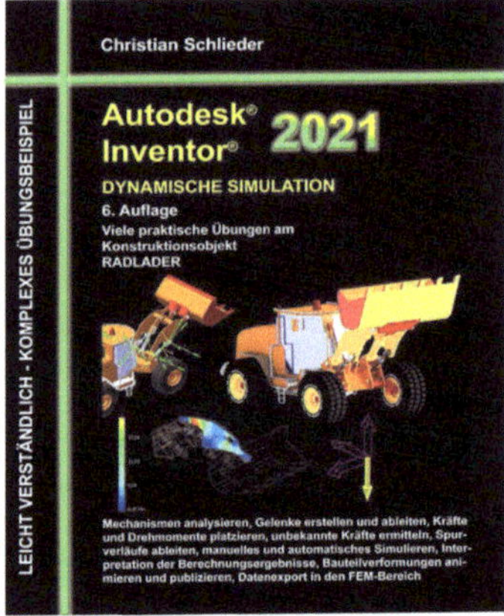

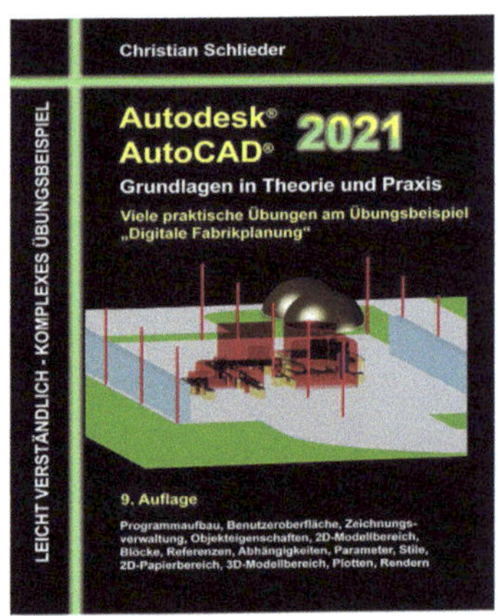

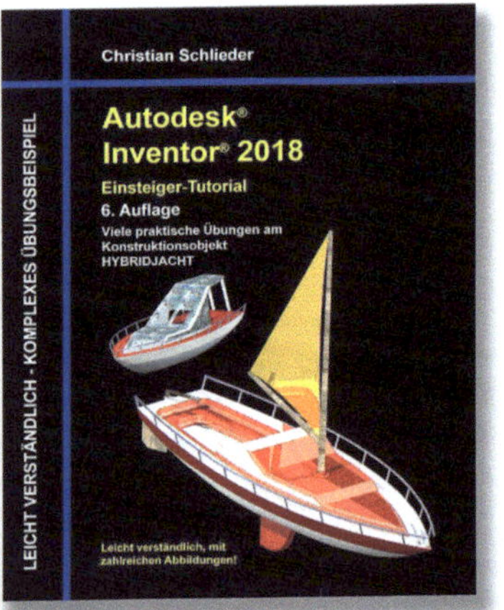

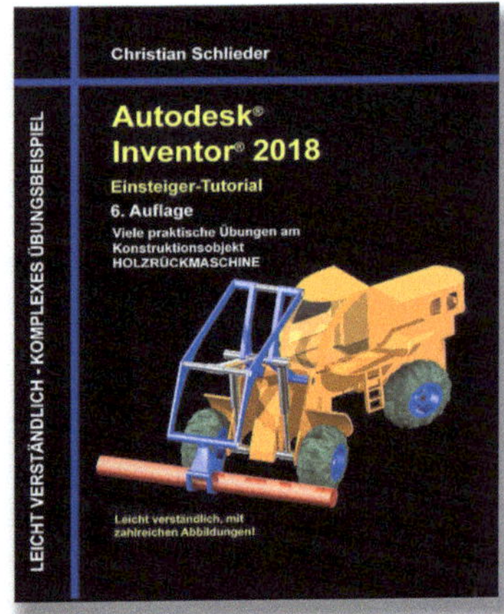

www.cad-trainings.de

Passend zu den Büchern gibt es jetzt auch viele

Videokurse

zum Thema Autodesk.

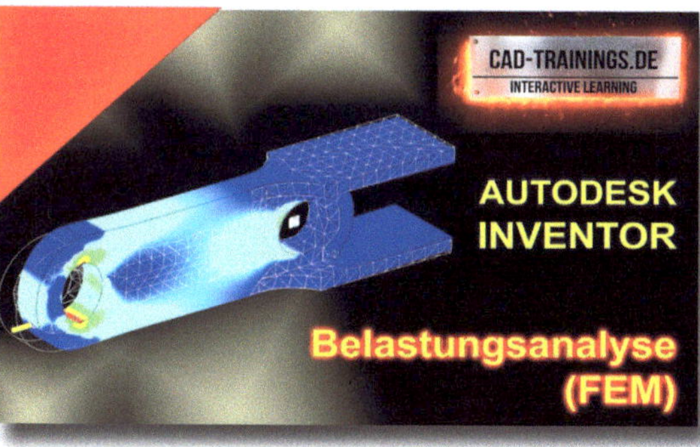

Alle Infos im Internet unter:

www.cad-trainings.de

INHALTSVERZEICHNIS

1 Einleitung

1.1 Zielsetzung

Dieses Buch richtet sich an alle interessierten Personen jeglicher fachlicher Bereiche. Es ist logisch aufgebaut und versucht, dem Leser anhand eines komplexen Übungsbeispiels das Programm **Autodesk® AutoCAD® 2021** näherzubringen. In kleinen Abschnitten lernt der Leser verschiedene Vorgehensweisen und Befehle kennen und festigt sie mit praktischen Übungen.

Sobald die benötigten Übungsdateien von der Website heruntergeladen und gespeichert wurden, werden die Randbedingungen des Übungsbeispiels erläutert: Die Programmgrundlagen (Programmoberfläche, Hauptmenü, Menüleiste, Werkzeugkästen, Multifunktionsleisten, Protokoll- und Befehlseingabebereich, Modell- und Layoutbereich) werden dargestellt, und das Projekt wird abschließend in den druckfähigen Papierbereich übertragen.

Die Arbeitsweise findet analog zum Programmaufbau statt. Die Befehle werden den einzelnen Registern und Befehlsgruppen zugeordnet, deren Bedeutung und Eigenschaften erläutert und anschließend praktisch ins Übungsprojekt übertragen. Nach Fertigstellung des 2D-Modells wird das Projekt für den Druck aufbereitet (Layoutbereich).

Im letzten Teil des Buches sollen die Möglichkeiten der Modellierung im plastischen Bereich aufgezeigt werden. Die Zeichnungsdaten aus dem 2D-Bereich werden mit Hilfe verschiedener Befehle aus dem 3D-Bereich in Volumenkörper konvertiert.

1.2 Übungsordner und Übungsdateien
1.2.1 Erzeugen Sie auf Ihrem PC einen Übungsordner

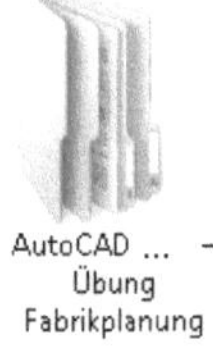

AutoCAD ... –
Übung
Fabrikplanung

Um die Übungen in diesem Buch durchführen zu können, benötigen Sie vorgefertigte Übungsdateien, welche Sie kostenlos von der Website des Autors herunterladen können.

Vorher sollten Sie auf Ihrem PC an geeigneter Stelle einen neuen Ordner mit der Bezeichnung **AutoCAD 2021 – Übung Fabrikplanung** erstellen. Dieser Ordner wird als Projektordner dienen.

1.2.2 Download der zum Buch gehörenden Übungsdateien

Besuchen Sie im Internet die folgende Website:

> ***http://www.cad-trainings.de***

Suchen Sie im Bereich **Download** bei den **Büchern** die passende ***Programmversion*** und das dazugehörige Buch. Klicken Sie auf den nebenstehenden Link, um die zum Buch gehörende Übungsdatei (ZIP-Format) auf Ihrem PC zu speichern.

Speichern Sie die Datei in dem vorher erzeugten Projektordner ***AutoCAD 2021 – Übung Fabrikplanung*** und entpacken Sie die Datei dort hinein. Die darin enthaltenen Dateien werden später benötigt.

1.2.3 Verwendete Abkürzungen

In diesem Buch werden die folgenden Abkürzungen verwendet:

- ***BG***   Befehlsgruppe
- ***BM***   Betriebsmittel
- ***ENTF***   Entfernen-Taste
- ***ESC***   Escape-Taste
- ***ggf.***   gegebenenfalls
- ***TAB***   Tabulator-Taste

- ***TM***   Transportmittel
- ***UZS***   Uhrzeigersinn
- ***WA***   Warenausgang
- ***WE***   Wareneingang
- ***z. B.***   zum Beispiel

2 Randbedingungen definieren

2.1 Randbedingungen des Planungsbeispiels

Grundlegend sind bei der Planung einer Produktionsanlage die folgenden Randbedingungen zu beachten:

- Produktbeschaffenheit
- Benötigte Betriebsmittel
- Benötigte Transportmittel
- Lagerbereiche
- Sozialtrakt für die Mitarbeiter
- Hallenaufbau
- Außenbereich (Grundstück)

- Qualitätssicherungsmaßnahmen
- Material- und Personalfluss
- Energie- und Informationsfluss
- Kosten- und Personalanalyse
- Anforderungen an den Standort
- Gesetzliche Bestimmungen

Die Fabrikplanung im vorliegenden Übungsbeispiel bezieht sich dabei auf die zeichnerische Umsetzung der Fabrikanlage mit **Autodesk® AutoCAD® 2021**. Eine Betrachtung der Qualitätssicherung, der Material-, Personal-, Energie- und Informationsflüsse sowie der Kosten- und Personalanalyse ist dabei nicht notwendig.

Ausschließlich die folgenden Bereiche sind also von Bedeutung:

- Produktbeschaffenheit
- Benötigte Betriebsmittel
- Benötigte Transportmittel
- Lagerbereiche

- Sozialtrakt für die Mitarbeiter
- Hallenaufbau
- Außenbereich (Grundstück)

2.2 Produktbetrachtung

Als Produkt wird im aktuellen Planungsbeispiel reines Quellwasser gewählt, was aus einer Quelle direkt zum Fabrikgelände gepumpt wird, um dort in Glasflaschen abgefüllt zu werden. Die Flaschen werden in Kunststoffkästen gesetzt und anschließend auf Europaletten gestapelt. Flaschen und Kästen sind zusätzlich zu reinigen.

2.2.1 Quellwasser

Abmessungen:	• Keine

Anlieferung:	• Wasser wird zum Fabrikgelände gepumpt

Bearbeitung:	• Quellwasser in Wasserspeicher zwischenlagern

2.2.2 Glasflaschen

Abmessungen:
- Durchmesser x Höhe: 100 x 300 mm

Anlieferung:
- Flaschen befinden sich in Kunststoffkästen
- Schraubverschlüsse wurden bereits entfernt
- Flaschen verschmutzt (innen und außen)

Bearbeitung:
- Flaschen aus Kästen heben
- Flaschen auf gefährliche Verunreinigungen (Gifte), enthaltene Feststoffe und Beschädigungen prüfen, ggf. aussortieren
- Flaschen reinigen (Laugenbad mit anschließender Wasserspülung)
- Flaschen erneut prüfen
- Flaschen füllen, verschließen und etikettieren
- Flaschen zwischenspeichern

2.2.3 Kunststoffkästen

Abmessungen:
- Länge x Breite x Höhe: 400 x 300 x 320 mm

Anlieferung:
- Kästen verschmutzt
- Kästen befinden sich auf Europalette

Bearbeitung:
- Kästen von Paletten heben
- Flaschen aus Kästen heben
- Kästen reinigen
- Kästen zwischenspeichern

2.2.4 Paletten

Abmessungen: • Länge x Breite x Höhe: 1200 x 800 x 144 mm

Anlieferung: • Paletten mit Leergut werden auf LKW angeliefert

Bearbeitung: • Kästen und Flaschen von Palette heben
     • Paletten zwischenspeichern

2.3 Einteilung der Bereiche

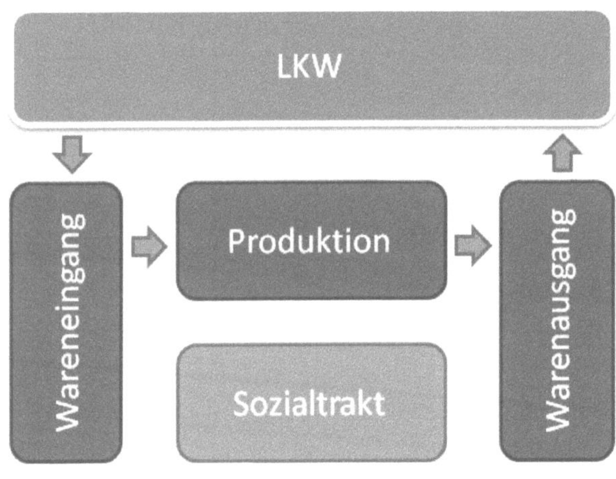

Grundlegend verläuft der Materialfluss vom LKW über den Wareneingang im Lager, die Produktion, den Warenausgang im Lager und wieder zurück zum LKW.

Maßgeblich für die Planung der notwendigen Größe der Fabrikhalle ist die Produktionslinie. Sie bestimmt neben der benötigten Hallengröße auch die Anordnung der einzelnen Bereiche innerhalb der Halle.

2.4 Betriebsmittel
2.4.1 Maschinen und Anlagen der Produktionslinie

Der Produktionsbereich wird Form und Aufbau der Fabrikhalle und des Außengeländes bestimmen. Aufbau, Größe und Form der Produktionslinie werden durch die erforderlichen Betriebsmittel beeinflusst. Die Produktionsanlage an sich beinhaltet verschiedene Betriebsmittel, wie die Anlagen, die Maschinen und sonstige Geräte.

Weil sich dieses Übungsbuch allein auf die zeichnerische Umsetzung der Fabrikplanung konzentriert, sollten die folgenden Betriebsmittel betrachtet werden:

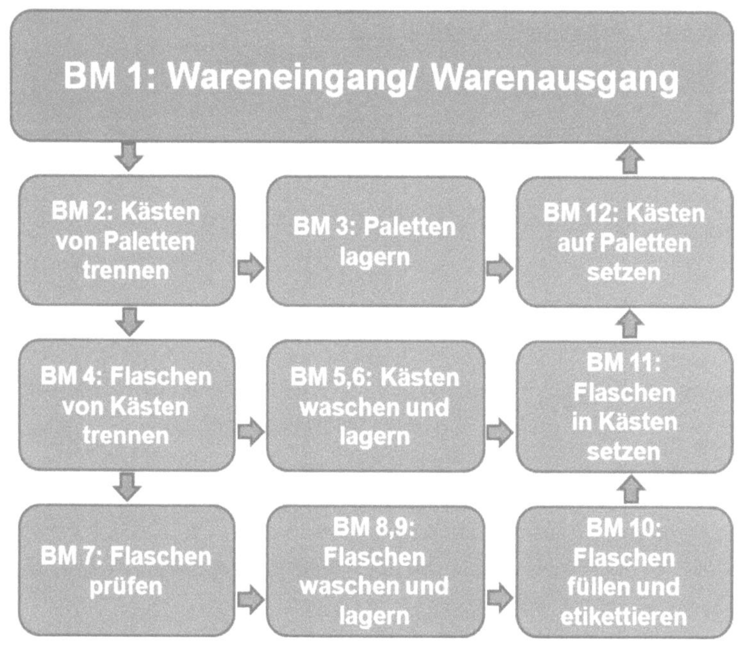

- ***BM 1***: Transport der Paletten
  (LKW ↔ Lager ↔ Produktionslinie)
- ***BM 2***: Kästen (gefüllt) von Paletten trennen
- ***BM 3***: Paletten zwischenlagern
- ***BM 4***: Flaschen von Kästen trennen
- ***BM 5***: Kästen reinigen
- ***BM 6***: Kästen zwischenlagern

- ***BM 7***: Flaschen prüfen
- ***BM 8***: Flaschen zwischenlagern
- ***BM 9***: Flaschen reinigen
- ***BM 10***: Flaschen füllen, schließen und etikettieren
- ***BM 11***: Flaschen in Kästen setzen
- ***BM 12***: Kästen (gefüllt) auf Paletten heben

BM 1: Transport der Paletten (LKW ↔ Lager ↔ Produktionslinie)

Be- und Entladen des LKWs erfolgt durch einen handelsüblichen Gabelstapler. Der LKW wird entladen und das Leergut ins Lager bzw. direkt zur Produktionslinie gebracht, wobei die Paletten vom Stapler direkt auf die Transportbänder gesetzt werden können. Im Lagerbereich stehen außerdem Regalsysteme zur Aufnahme von Paletten und Leergut zur Verfügung.

BM 2: Kästen und Flaschen von Paletten trennen

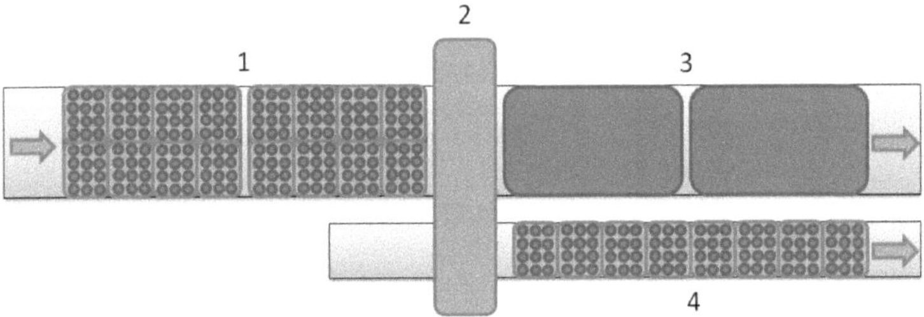

1. Paletten mit Leergut (auf Rollenband)
2. Roboter hebt Kästen (gefüllt) von Palette
3. Leere Paletten (auf Rollenband)
4. Kästen (gefüllt)

Die Paletten samt Leergut werden auf einem Rollenband (1) zum **BM 2** transportiert. Dort hebt ein Roboter (2) die Kästen einzeln von der Palette und setzt sie auf das Kastentransportband (4).

BM 3: Paletten zwischenlagern

Die leeren Paletten fahren auf dem Rollenband weiter in einen Palettenspeicher (**BM 3**). Er stapelt die Paletten übereinander und gibt sie bei Bedarf wieder ins System zurück.

BM 4: Flaschen von Kästen trennen

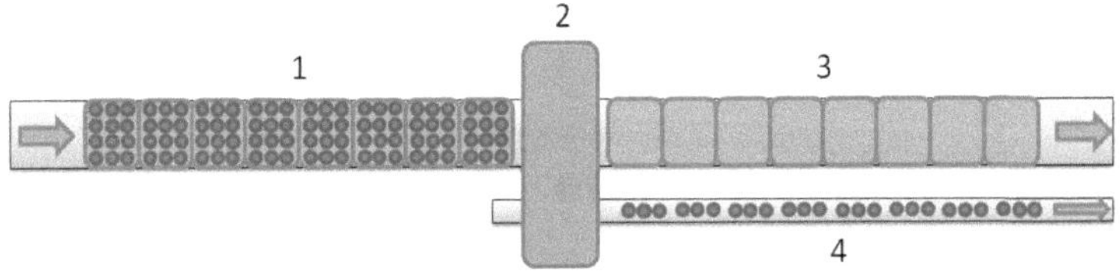

1. Kästen (gefüllt)
2. Roboter hebt Flaschen aus Kästen
3. Kästen (leer)
4. Flaschen

Die noch gefüllten Kästen werden auf Transportbändern (1) zum **BM 4** transportiert, wo ein Roboter (2) die Flaschen aus dem Kasten hebt (drei Flaschen je Hub) und sie auf das Flaschentransportband (4) setzt. Die leeren Kästen fahren auf dem Kastentransportband weiter in Richtung Kastenwaschmaschine (3).

BM 5: Kästen reinigen

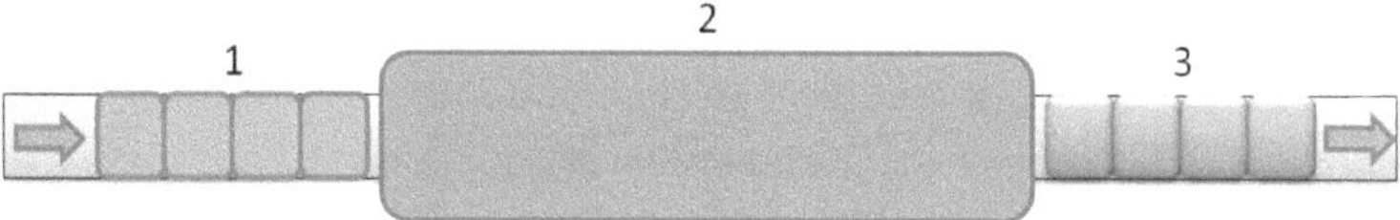

1. Kästen (ungereinigt)
2. Kastenwaschmaschine

3. Kästen (gereinigt)

Die Kästen werden auf dem Kastentransportband angeliefert und fahren durch eine Kastenwaschmaschine (**BM 5**). Darin werden sie gereinigt.

BM 6: Kästen zwischenlagern

Die leeren, jetzt aber bereits gereinigten Kästen fahren weiter auf dem Kastentransportband
in einen Kastenspeicher (**BM 6**). Er stapelt die Kästen aufeinander und gibt sie bei Bedarf
wieder ins System zurück.

BM 7: Flaschen prüfen

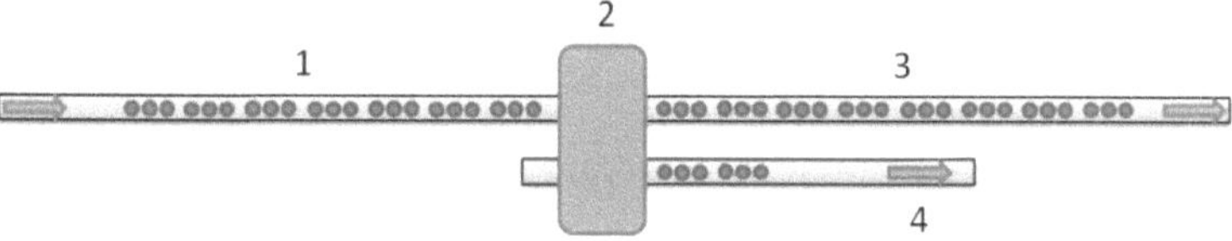

1. Flaschen vor Prüfung
2. Flaschenprüfmaschine

3. Flaschen nach Prüfung
4. Aussortierte Flaschen

Die Flaschen werden auf Transportbändern (1) zum **BM 7** transportiert. Hier werden Sie mit
einer Flaschenprüfmaschine (2) auf Beschädigungen, gefährliche Inhaltsstoffe und eventuell
darin sitzende Festkörper untersucht. Solche Flaschen werden aussortiert (4), alle anderen
fahren aber weiter (3). Das Prüfen der Flaschen erfolgt jeweils vor und nach der Flaschenreinigung, wofür zwei identische Maschinen vorgesehen sind.

BM 8: Flaschen zwischenlagern

Die Flaschen werden auf Transportbändern zu einem Speichertisch (**BM 8**) transportiert. Er verbreitert den Transportweg, ordnet die Flaschen nebeneinander an und kann somit eine große Anzahl an Flaschen speichern. Defekte Flaschen, die vorher aussortiert wurden, können hier durch neue ersetzt werden. Das gesamte System verfügt über insgesamt zwei Speichertische, einen vor und einen nach der Flaschenreinigung.

BM 9: Flaschen reinigen

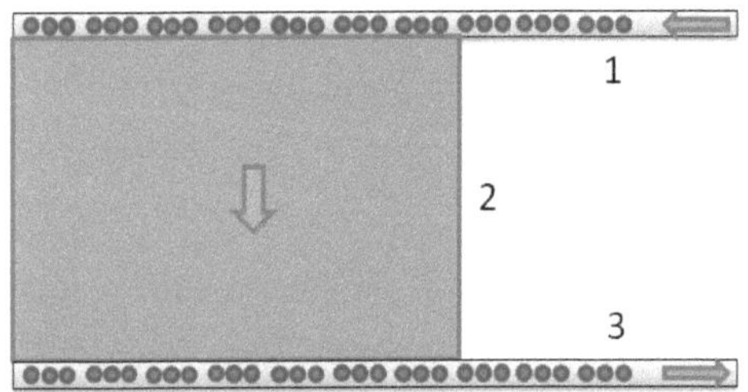

1. Flaschen vor Reinigung
2. Flaschenwaschmaschine
3. Flaschen nach Reinigung

Die Flaschen werden auf Transportbändern angeliefert (1) und in die Flaschenwasch-maschine (**BM 9**) transportiert (2). Dort werden die Flaschen in mehreren aufeinanderfolgenden Lauge- und Wasserbädern gereinigt. Die sauberen Flaschen verlassen die Waschmaschine auf einem Transportband (3).

BM 10: Flaschen füllen, schließen, etikettieren

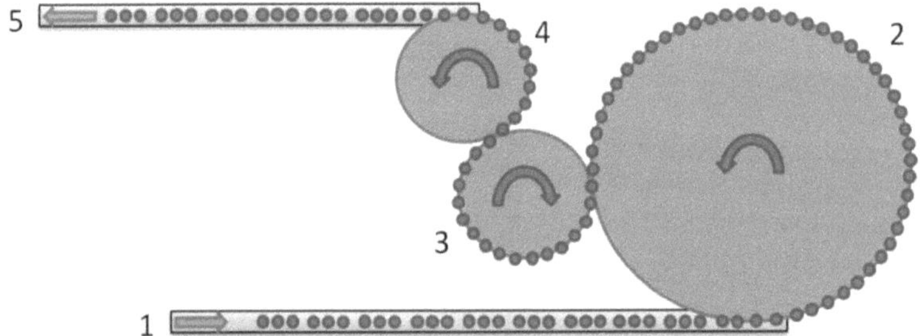

1. Zufuhr der gereinigten Flaschen
2. Flaschen mit Quellwasser füllen (Füller)
3. Flaschen verschließen (Schließer)
4. Flaschen etikettieren (Etikettierer)
5. Abtransport der Flaschen

Die Flaschen werden auf Transportbändern angeliefert (1), von einer Greifvorrichtung erfasst und in den Füller gehoben. Hier werden sie mit Quellwasser gefüllt, anschließend verschlossen und etikettiert. Die gesamte Einheit besteht aus Füller (2), Schließer (3) und Etikettierer (4) und ist ein zusammenhängendes Aggregat (**BM 10**). Die Flaschen werden danach wieder auf Transportbänder gesetzt und abtransportiert (5).

BM 11: Flaschen in Kästen setzen

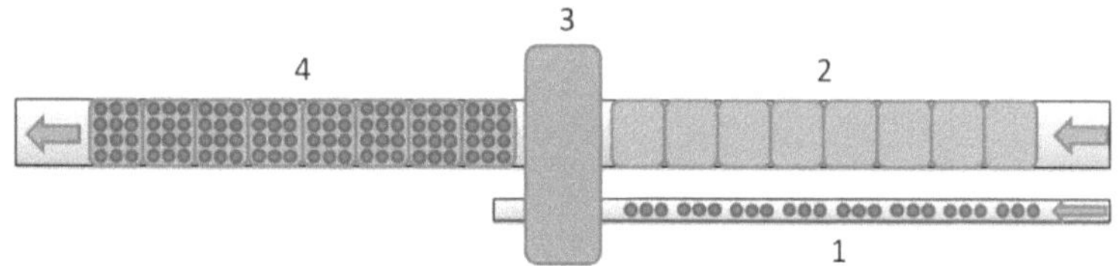

1. Flaschen (einzeln)
2. Kästen (leer)
3. Roboter hebt Flaschen in Kästen
4. Kästen (gefüllt)

Flaschen (1) und Kästen (2) werden auf den jeweiligen Transportbändern zum **BM 11** transportiert. Hier greift ein Roboter (3) die Flaschen und setzt sie (drei je Hub) in die Kästen.

BM 12: Kästen (gefüllt) auf Paletten heben

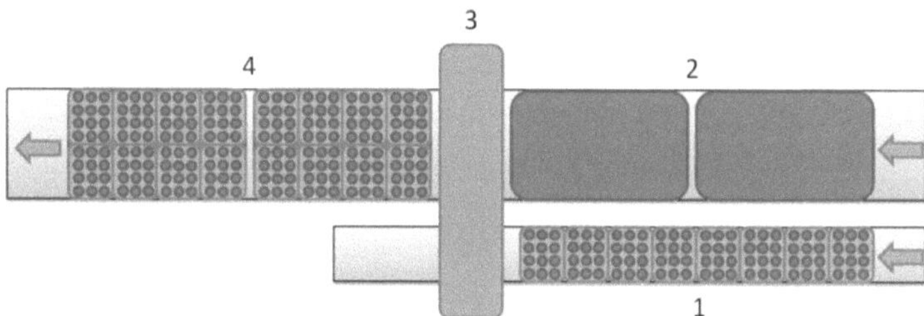

1. Kästen (gefüllt)
2. Paletten (leer)
3. Roboter hebt Kästen auf Paletten
4. Paletten mit Kästen (gefüllt)

Kästen (1) und Paletten (2) werden auf den jeweiligen Transportbändern zum **BM 12** transportiert. Hier greift ein Roboter (3) die Kästen und setzt sie auf eine Palette (ein Kasten je Hub).

2.4.2 Lagerbereiche

Die benötigten Lagerbereiche ergeben sich aus den Anforderungen der Produktionslinie.

Leergut:

Das Leergut (gefüllte Kästen auf Paletten) muss zwischen der Entladung der LKWs und der Beladung der Produktionslinie zwischengelagert werden. Hierfür werden Regalsysteme mit entsprechender Lagerkapazität benötigt.

Ersatzmaterial:

Beschädigte Paletten, Kästen und Flaschen müssen ersetzt werden. Die Lagerung der hierfür benötigten Ersatzmaterialien erfolgt in Regalsystemen im Lagerbereich.

Quellwasser:

Das Quellwasser wird von der Quelle zum Fabrikgelände gepumpt. Dort soll es in zwei großen Tanks zwischengelagert werden, um eine Qualitätsüberwachung und einen reibungslosen Produktionsablauf zu gewährleisten. Beide Tanks werden außerhalb der Produktionshalle, aber auf dem Gelände angeordnet.

Pufferspeicher für Paletten, Kästen und Flaschen:

Eine Produktionslinie benötigt aufgrund der unterschiedlichen Arbeitsgeschwindigkeiten der enthaltenen Betriebsmittel verschiedene Zwischenspeicher (Puffer). Sie sollen Störungen in der Produktion ausgleichen und einen konstanten Produktionsablauf gewährleisten. Paletten und Kästen werden platzsparend aufeinandergestapelt, Flaschen auf Speichertischen nebeneinander angeordnet.

2.4.3 Sozialtrakt

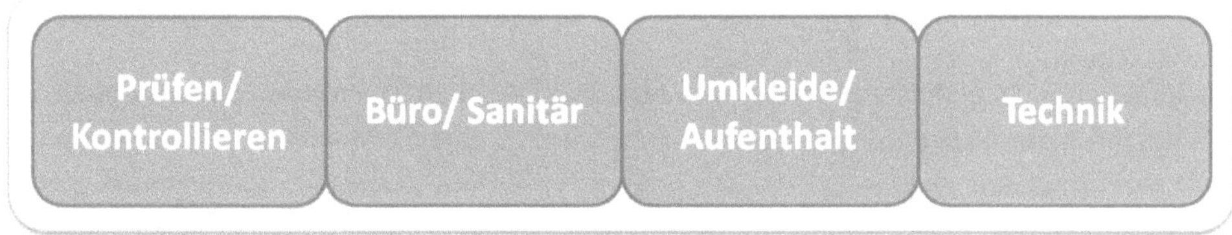

Der Sozialtrakt kann in einem Komplex zusammengefasst und innerhalb der Fabrikhalle angeordnet werden. Die folgenden Bereiche werden benötigt:

- Prüf- und Kontrollbereich
- Büro- und Sanitärbereich
- Umkleide- und Aufenthaltsbereich
- Technik

2.4.4 Gesamtbedarf für das Fabrikgelände

Der gesamte Platzbedarf für das Fabrikgelände wird durch die folgenden Bereiche definiert:

- Fabrikhalle (Produktion, Sozialtrakt)
- Straßen/ Parkplätze (LKW und PKW)
- Lagerbereiche (Regalsysteme, Wassertanks)

Das nächste Kapitel soll einen kurzen Einblick in den Programmaufbau und die Benutzeroberfläche von *Autodesk® AutoCAD® 2021* bieten[1].

---

[1] Sollten Sie das Programm noch nicht gestartet haben, holen Sie dies jetzt bitte nach.

3 Grundlagen zum Programm Autodesk® AutoCAD® 2021

3.1 Benutzerdefinierte Einstellungen migrieren

Sollten Sie bereits eine ältere Version von Autodesk® AutoCAD® installiert haben, können die Voreinstellungen dieser Version übernommen werden. Beim ersten Start des Programmes nach der Installation werden Sie danach gefragt (1). Sollten verschiedene Versionen verfügbar sein, kann die Quellversion zuerst ausgewählt werden (2). Danach können die einzelnen Optionen aktiviert werden, oder es werden einfach alle aktiviert (3). Ein abschließender Klick auf das kleine Häkchen (4) bestätigt die Auswahl und das Fenster schließt sich wieder.

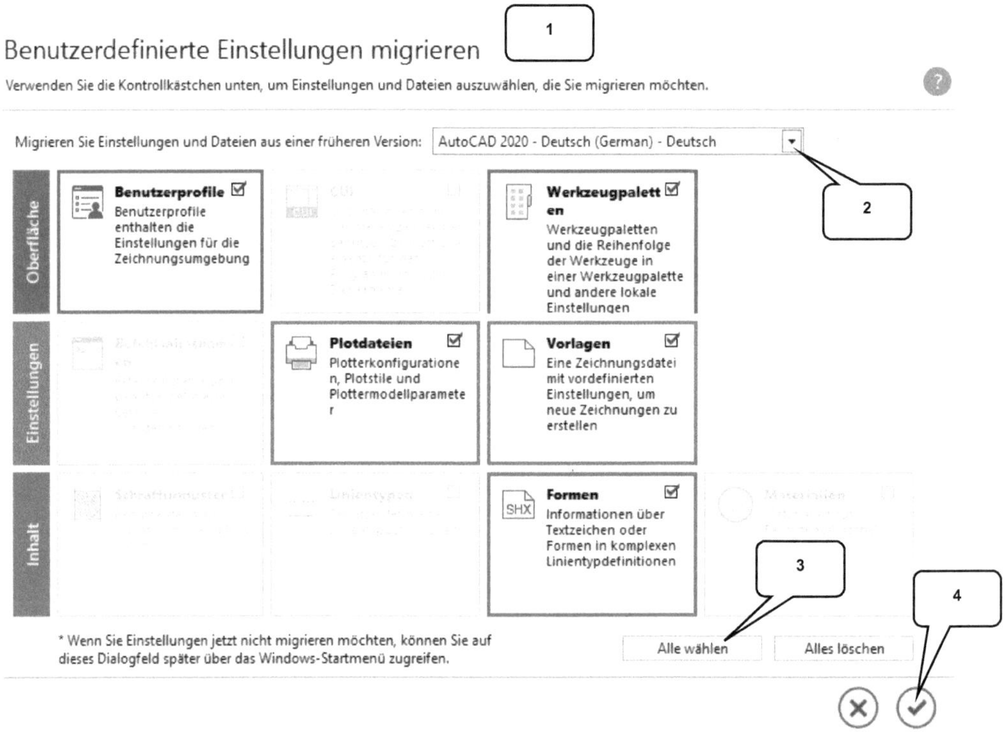

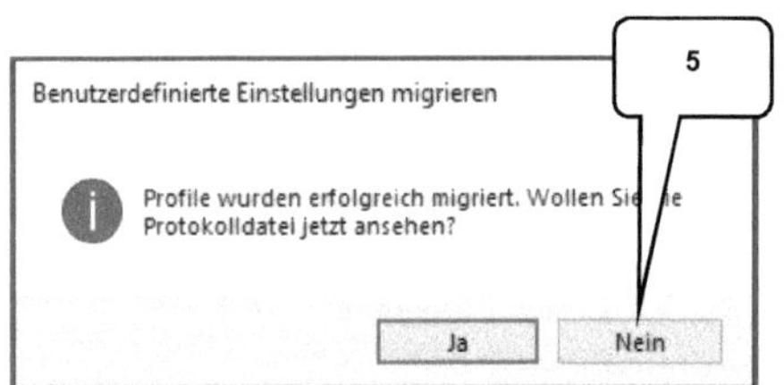

Die anschließende Abfrage, ob die entsprechenden Protokolle zur Übernahme der benutzerdefinierten Einstellungen angezeigt werden sollen, kann mit **Nein** (5) wieder geschlossen werden.

3.2 Die Anmeldung bei Autodesk

Bei ersten Start von Autodesk werden Sie ggf. aufgefordert, sich bei Autodesk online anzumelden. Tragen Sie hier einfach die bei Autodesk registrierte E-Mail-Adresse (1) und auch das Passwort ein (2). Die Registrierung erfolgt dann automatisch, sofern eine Internetverbindung vorhanden ist.

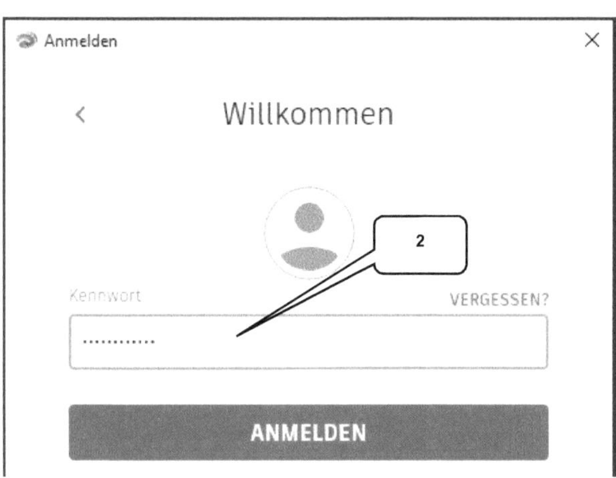

Sofern Sie mit einer 30-Tage-Testversion arbeiten möchten, muss im folgenden Befehlsfenster die Option **Testzeitraum beginnen** (3) aktiviert werden.

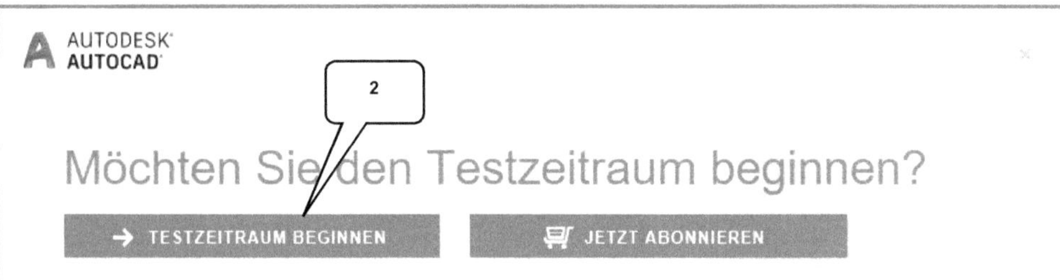

3.3 Startbildschirm

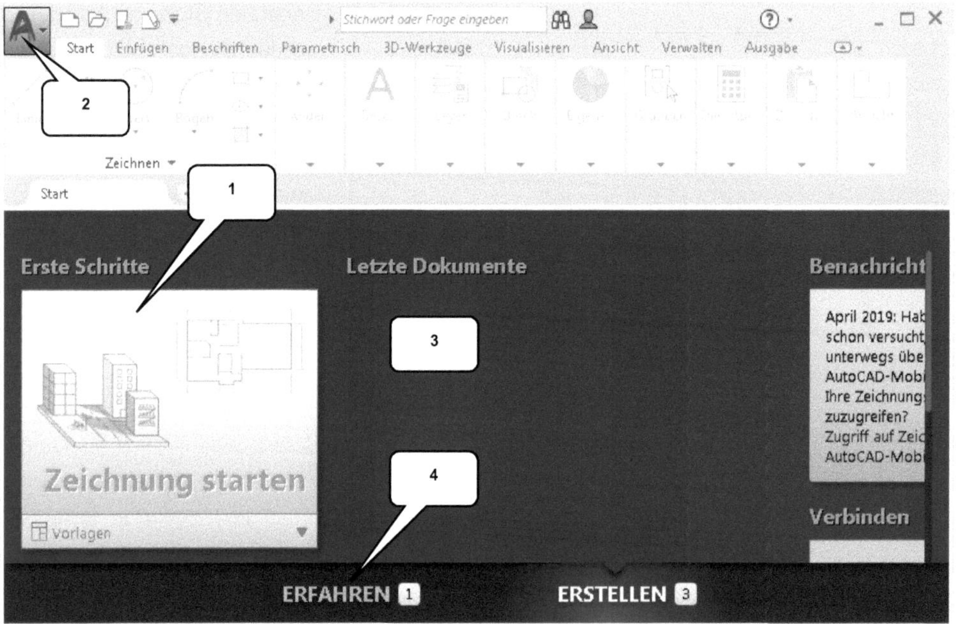

Nachdem das Programm gestartet wurde, erscheint die oben dargestellte Benutzeroberfläche. Hier können im Bereich *Erste Schritte* (1) vorhandene Dateien geöffnet, neue Dateien erstellt oder Beispielzeichnungen geöffnet werden.

Diese Optionen finden sich auch im *Hauptmenü* (2) wieder. Weiterhin können die *zuletzt verwendeten Dokumente* (3) geöffnet oder im Register *Erfahren* (4) Lern- und Übungsvideos gestartet werden.

Im Bereich *Erfahren* können Sie sich die Unterschiede der aktuellen zur vorherigen *Version* des Programms (1) darstellen lassen, *Lernvideos* starten (2) oder auf diverse *Lerntipps* und *Online-Ressourcen* (3) zugreifen.

3.4 Erstellen einer neuen Datei aus einer vorhandenen Vorlage

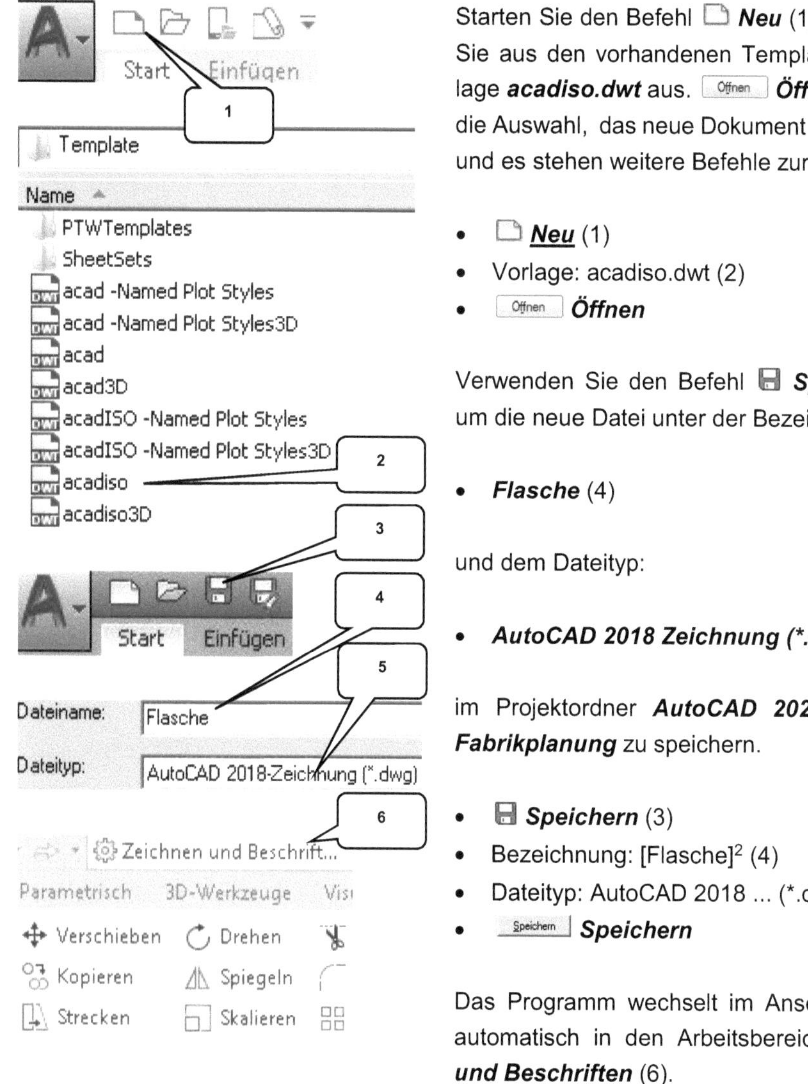

Starten Sie den Befehl **Neu** (1) und wählen Sie aus den vorhandenen Templates die Vorlage **acadiso.dwt** aus. Offnen **Öffnen** bestätigt die Auswahl, das neue Dokument wird geöffnet und es stehen weitere Befehle zur Verfügung.

- **Neu** (1)
- Vorlage: acadiso.dwt (2)
- Offnen **Öffnen**

Verwenden Sie den Befehl **Speichern** (3) um die neue Datei unter der Bezeichnung:

- **Flasche** (4)

und dem Dateityp:

- **AutoCAD 2018 Zeichnung (*.dwg)** (5)

im Projektordner **AutoCAD 2021 – Übung Fabrikplanung** zu speichern.

- **Speichern** (3)
- Bezeichnung: [Flasche][2] (4)
- Dateityp: AutoCAD 2018 ... (*.dwg) (5)
- Speichern **Speichern**

Das Programm wechselt im Anschluss daran automatisch in den Arbeitsbereich **Zeichnen und Beschriften** (6).

---

[2] Wenn in diesem Buch rechteckige Klammern verwendet werden, bedeutet das eine Tastatureingabe im Programm. Tragen Sie dann bitte nur den in Klammern stehenden Wert ein (ohne die Klammern selbst).

3.5 Benutzeroberfläche

Die Programmoberfläche kann grundlegend in die folgenden Bereiche unterteilt werden:

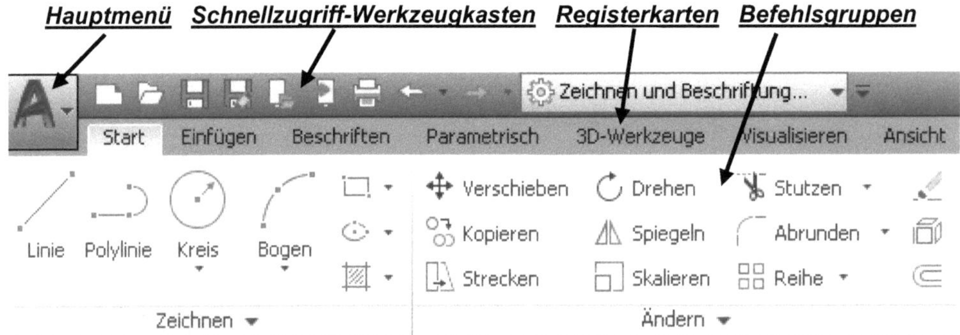

3.5.1 Schnellzugriff-Werkzeugkasten

Der **Schnellzugriff-Werkzeugkasten** enthält eine begrenzte Auswahl an häufig verwendeten Befehlen. Sein Inhalt kann über den ⏷ **Bearbeiten-Button** (1) konfiguriert werden. Um Befehle ein- oder auszublenden, klickt man darauf und aktiviert/ deaktiviert den entsprechenden Haken im sich öffnenden Kontextmenü.

Im rechten Bereich der oberen Befehlsleiste, kann in der Programmhilfe nach **Stichwörtern** oder **Befehlen gesucht** (2) werden, die **Programmhilfe** gestartet (3) werden, oder diverse **Apps** aktiviert werden (4). Die Programmhilfe kann entweder online gestartet werden, oder sie wird vollständig aus dem Internet heruntergeladen und auf dem PC installiert, woraufhin sie dann auch offline genutzt werden kann.

3.5.2 Registerkarten und Befehlsgruppen

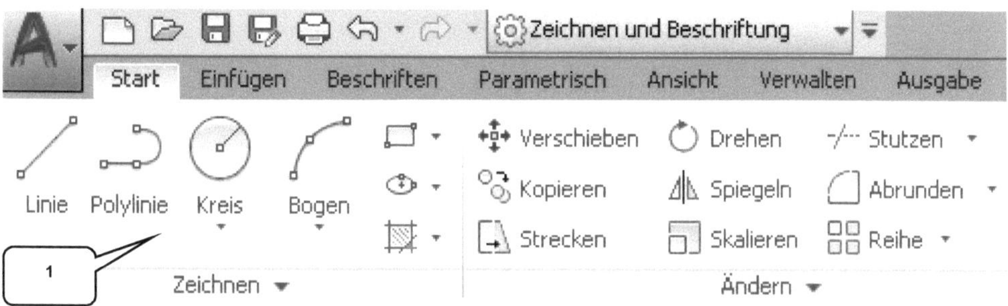

Jede **Registerkarte** (z. B. **Start**, **Einfügen**, **Beschriften**...) beinhaltet verschiedene **Befehlsgruppen** (z. B. **Zeichnen**, **Ändern**, **Beschriftung**...), worin diverse Befehle logisch zusammengefasst wurden.

Registerkarten und Befehlsgruppen können beliebig ein- oder ausgeblendet werden, wenn mit der rechten Maustaste auf einen beliebigen Punkt im Bereich der Befehlsgruppen geklickt (1) und im Kontextmenü die Option **Registerkarten anzeigen** bzw. die Option **Gruppen anzeigen** ausgewählt wird.

Das Programm wird danach alle vorhandenen Registerkarten bzw. Befehlsgruppen auflisten, welche dann aktiviert oder deaktiviert werden können.

3.5.3 Protokoll- und Befehlseingabefenster

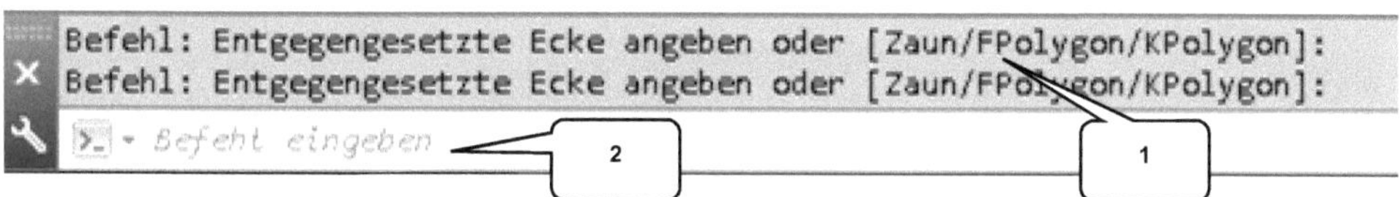

Protokoll- und Befehlseingabefenster befinden sich standardmäßig im unteren Bereich des Programms. Das **Protokoll** (1) zeigt eine Übersicht der zuletzt verwendeten Befehle oder Eingabeoptionen.

Im **Befehlseingabebereich** (2) können entweder die zuletzt verwendeten Befehle aufgerufen werden, es können Befehlsoptionen bestimmt werden (durch eine interaktive Gestaltung des Befehlsbereiches können diese dann auch mit der linken Maustaste angeklickt werden) und beim Zeichnen können alle Werte und Tastaturbefehle mittels Tastatur eingetragen werden.

3.5.4 Modell- und Papierbereich

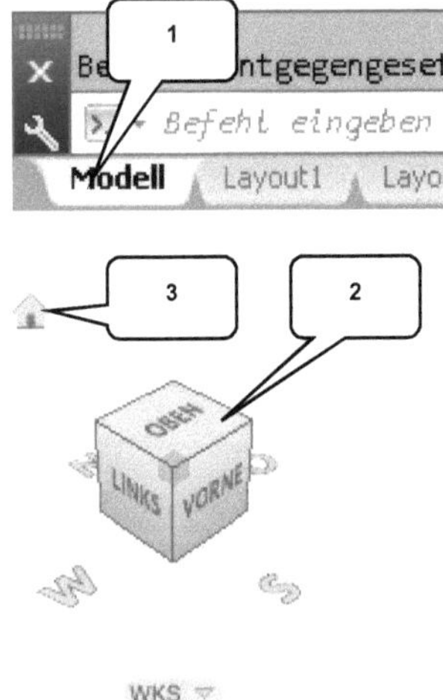

Modellbereich

Der **Modellbereich** (1) ist der eigentliche Konstruktions-bereich. Er beinhaltet die folgenden Navigationswerk-zeuge:

Der **ViewCube** (2) richtet die Ansicht im Modellbereich aus[3]. Aktiviert man eine der Seiten des Würfels (Oben, Unten, Rechts, Links, Hinten, Vorne) oder dreht man den Würfel bei gedrückter linker Maustaste darauf (alternativ: **Taste: SHIFT** + mittlere Maustaste), so dreht sich der Ansichtsbereich. Mit einem Klick auf das kleine ⌂ **Haus-Symbol** (3) wird eine isometrische Ansicht eingestellt.

Die **Navigationsleiste** (4) beinhaltet eine Auswahl an Navigationswerkzeugen (Navigationsräder, Pan, Zoomfunktionen, Orbit-Versionen, ShowMotion). Ihre Befehle dienen grundsätzlich dazu, den gesamten Modellbereich z. B. verschieben, zoomen oder animieren zu können.

Papierbereich (Layoutbereich)

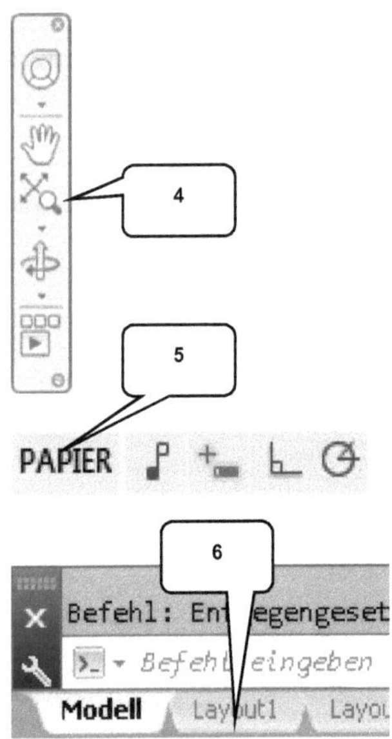

Im **Papierbereich** (5) werden die Zeichenelemente aus dem Modellbereich für einen Ausdruck vorbereitet und um zusätzliche Informationen wie z. B. Bemaßungen oder Texte ergänzt. Jedes **Layout** (6) stellt dabei eine bereits definierte Blattgröße dar, in welcher die Zeichnung später z. B. ausgedruckt werden kann. Layouts können in beliebiger Anzahl und Ausrichtung erstellt werden.

---

[3] Sollte der **ViewCube** fehlen, so kann er aktiviert werden: Ein- und ausschalten kann man den Würfel in der Registerkarte: **Ansicht**, die Befehlsgruppe: **Fenster** und dann über die **Benutzeroberfläche**.

4 Fabrikplanung im 2D-Modellbereich

4.1 Optimieren einiger Programmeinstellungen

Nachdem die neue Zeichnung erstellt wurde, sollten die **Basis-Zeichenoptionen** der aktuellen Datei überprüft werden[4]. Ihre Grundeinstellungen können in der unteren Befehlsleiste vorgenommen werden. Ob die entsprechende Option aktiviert ist, erkennt man daran, dass der Button blau hinterlegt ist. Prüfen Sie die folgenden Einstellungen und aktivieren bzw. deaktivieren Sie die einzelnen Werkzeuge:

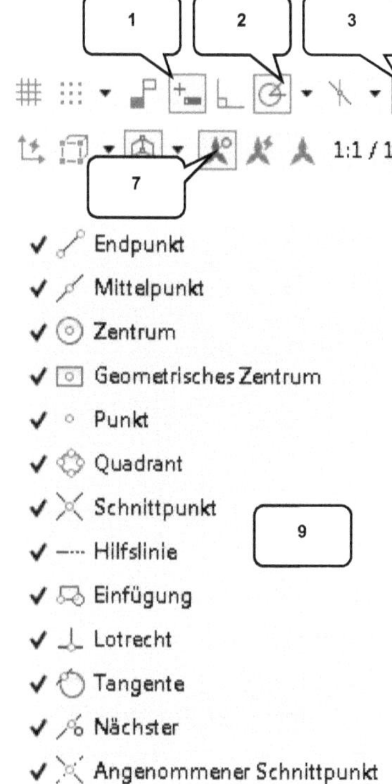

✔ Endpunkt
✔ Mittelpunkt
✔ Zentrum
✔ Geometrisches Zentrum
✔ Punkt
✔ Quadrant
✔ Schnittpunkt
✔ Hilfslinie
✔ Einfügung
✔ Lotrecht
✔ Tangente
✔ Nächster
✔ Angenommener Schnittpunkt
✔ Parallel

Objektfang-Einstellungen...

Aktiviert sein sollten:

1) Dynamische Eingabe
2) Polare Spur
3) Fang-Referenzlinien) Objektfangspur
4) 2D-Objektfang
5) Linienstärken anzeigen
6) 3D-Objektfang
7) Beschriftungsobjekte anzeigen
8) Hardwarebeschleunigung aktivieren

Weiterhin sind die Einstellungen für den Objektfang zu kontrollieren. Hierfür ist mit der **rechten Maustaste** auf den **2D-Objektfang** (4) zu klicken, um alle darin enthaltenen **Optionen** (9) zu aktivieren.

---

[4] Sollten einige der o. g. Optionen bei Ihnen nicht zur Verfügung stehen, so muss die **Anpassung** (10) gestartet werden. Es erscheint danach ein Auswahlmenü, worin die fehlende Option aktiviert werden kann.

4.2   Die Flaschen zeichnen
4.2.1   Der neue Layer: Flasche

Vor dem Zeichnen der ersten Linienkontur, sollte ein neuer *Layer*[5] erstellt werden, um die Eigenschaften des Objekts zu definieren.

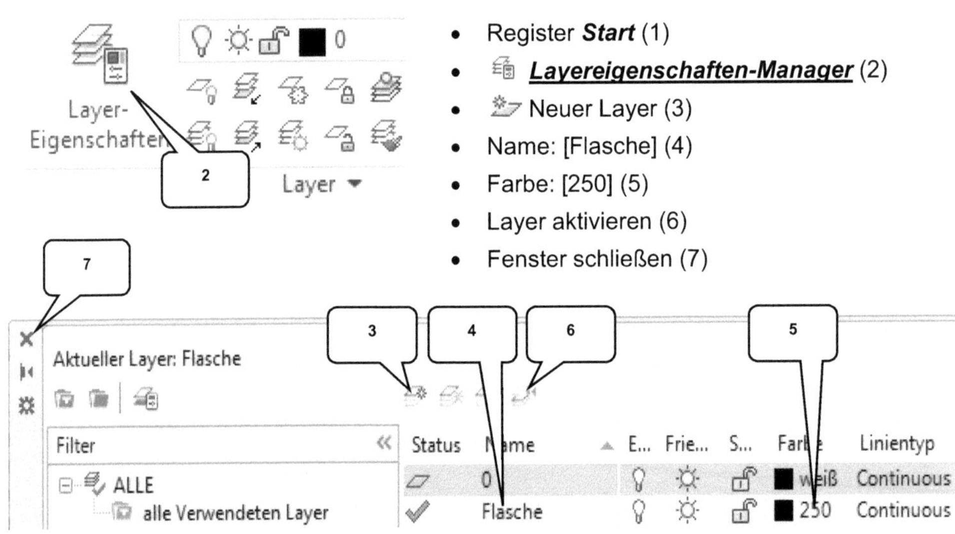

- Register *Start* (1)
- *Layereigenschaften-Manager* (2)
- Neuer Layer (3)
- Name: [Flasche] (4)
- Farbe: [250] (5)
- Layer aktivieren (6)
- Fenster schließen (7)

Das erste zu zeichnende Objekt ist ein einfacher *Kreis* mit einem Radius von 50 mm. Kreismittelpunkt und Radius können durch die Tastatureingabe eingetragen werden.

- *Kreis (Mittelpunkt, Radius)* (8)
- Startpunkt definieren: [0] > *Taste: TAB*[6]
- [0] > *Taste: ENTER* (9, 10)
- Wert für Radius angeben: [50] (11)
- *Taste: ENTER*

---

[5] Ein *Layer* (englische Bezeichnung *Schicht*) enthält alle Informationen wie z. B. Linienfarbe, Linienstärke und Linienart und definiert dadurch alle ihm zugeordneten Objekte.

[6] Zur Definition des Startpunktes (Kreismittelpunkt) müssten die X- und Y-Koordinaten eingetragen werden. Um zwischen beiden Eingabefeldern wechseln zu können, kann die *Tabulator-Taste* gedrückt werden.

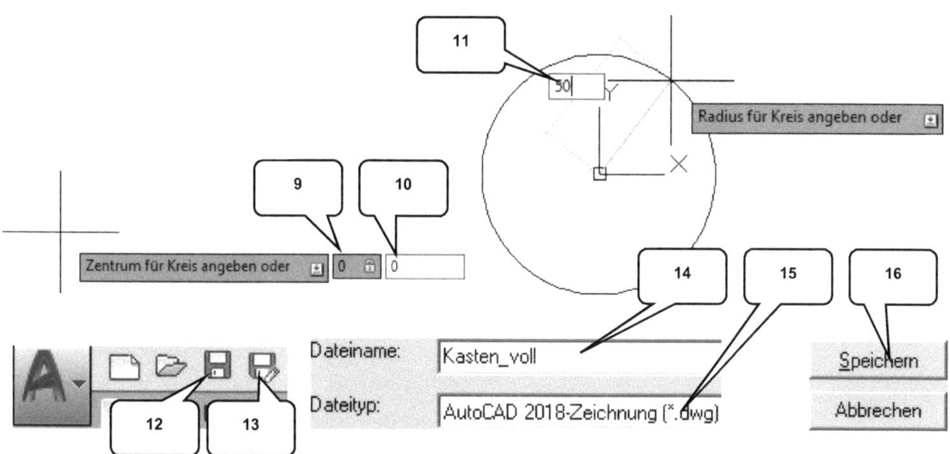

Die Zeichnung ist anschließend zu 🖫 **speichern** und zu kopieren. Um eine zusätzliche Kopie der Zeichnung mit der Bezeichnung **Kasten_voll** zu erzeugen, kann der Befehl 🖫 **Speichern unter** verwendet werden. Er befindet sich direkt neben dem Speicherbefehl.

- 🖫 **Speichern** (12)
- 🖫 **Speichern unter** (13)
- Dateiname: [Kasten_voll] (14)

- Dateityp: *.dwg (15)
- ⬛ Speichern (16)

4.3 Die Flaschenkästen zeichnen
4.3.1 Der neue Layer: Flaschenkasten

Die neue Zeichnung (Kasten_Voll.dwg) ist im 🖧 **Layereigenschaften-Manager** um einen weiteren Layer **Flaschenkasten** zu ergänzen.

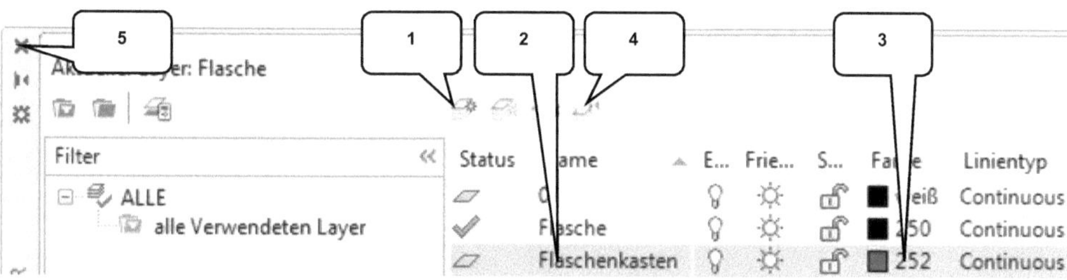

- 🖧 **Layereigenschaften-Manager**
- ✍ Neuer Layer (1)
- Name: [Flaschenkasten] (2)

- Farbe: [252] (3)
- Layer aktivieren (4)
- Fenster schließen (5)

4.3.2 Den Kastenrahmen zeichnen

Der Kasten soll mit den Befehlen ⌑ *Rechteck* und ╱ *Linie* konstruiert werden, wobei zuerst die äußeren Konturen durch ein Rechteck darzustellen sind. Gezeichnet werden soll wieder per Tastatureingabe der Koordinaten und Abmessungen.

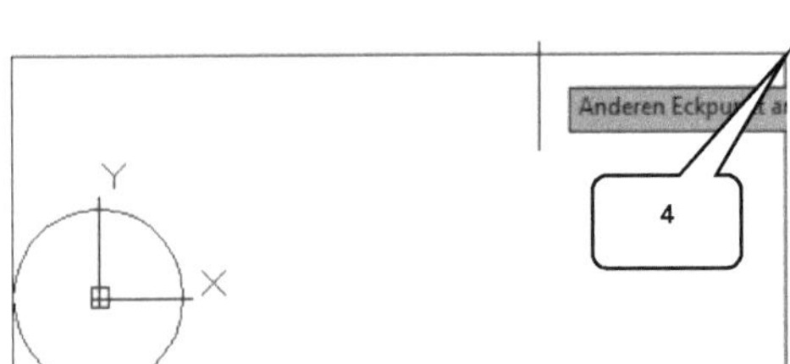

Verwenden Sie nach Möglichkeit die Option der Koordinateneingabe, da hierbei Position, Größe und Lage des Rechtecks bereits vorab definiert werden und somit keine nachträglichen Änderungen erforderlich sind. Das erste Wertepaar definiert die Position des Startpunktes, mit den restlichen Eingaben werden Länge und Breite des Rechtecks eingetragen.

- ⌑ *Rechteck* (1)
- Erster Punkt: [-50] > *Taste: TAB* > [-50]
  > *Taste: ENTER* (2,3)
- Zweiter Punkt (4): [400] > *Taste: TAB* > [300] > *Taste: ENTER*

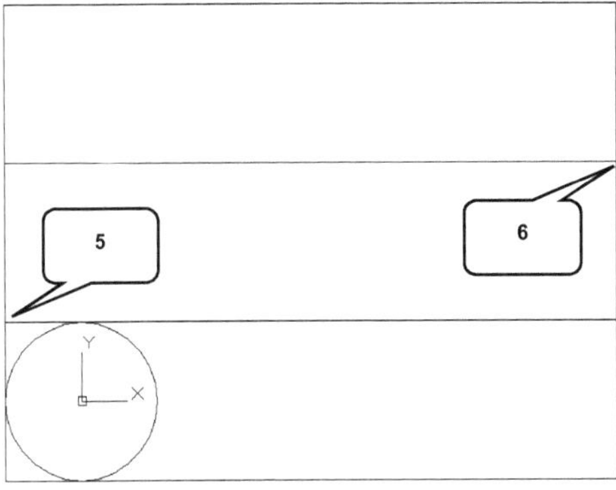

Mit einem zweiten Rechteck werden die Reihen des Flaschenkastens gekennzeichnet.

- ⌑ *Rechteck* (1)
- Erster Punkt (5): [-50] > *Taste: TAB* > [50] > *Taste: ENTER*
- Zweiter Punkt (6): [400] > *Taste: TAB* > [100] > *Taste: ENTER*

4.3.3 Die Innenwände zeichnen

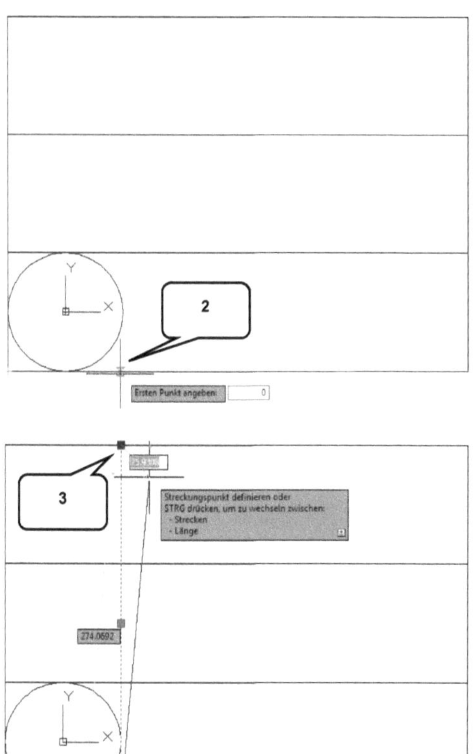

Drei weitere Linien sollen die Kontur vervollständigen. Die erste / **Linie** wird ebenfalls durch die Vorgabe der Linienpunkte und per Tastatureingabe definiert.

- / **Linie** (1)
- Erster Punkt (2): [50] > **Taste: TAB** > [-50] > **Taste: ENTER**
- Zweiter Punkt (3): [300] > **Taste: TAB** > [90] > **Taste: ENTER**
- **Taste: ESC**

Die restlichen beiden Linien sollen kopiert werden. Hierfür muss innerhalb des Befehls **Kopieren** das Referenzobjekt ausgewählt werden, der Startpunkt definiert werden und die beiden Einfügepunkte müssen anschließend platziert werden.

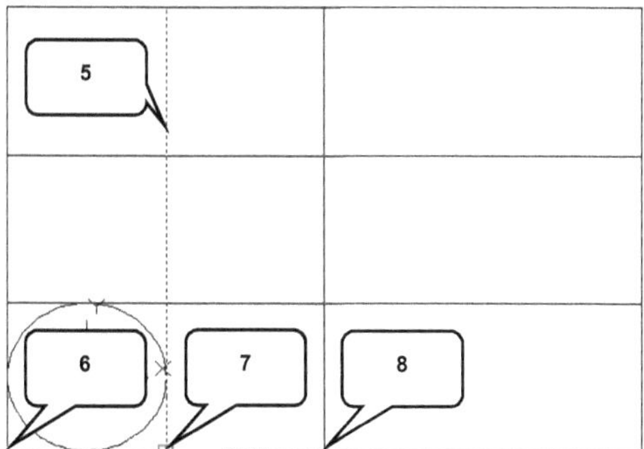

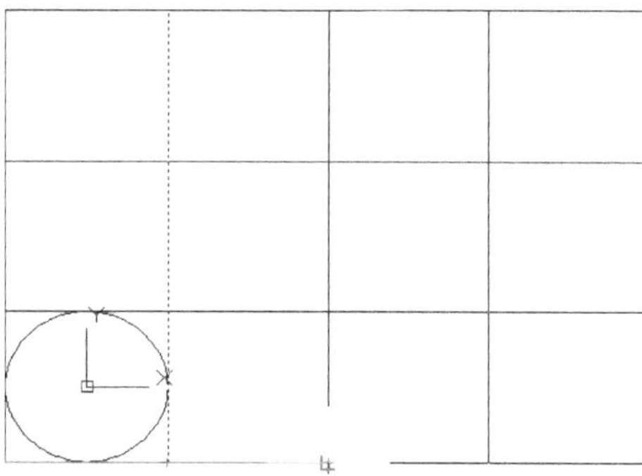

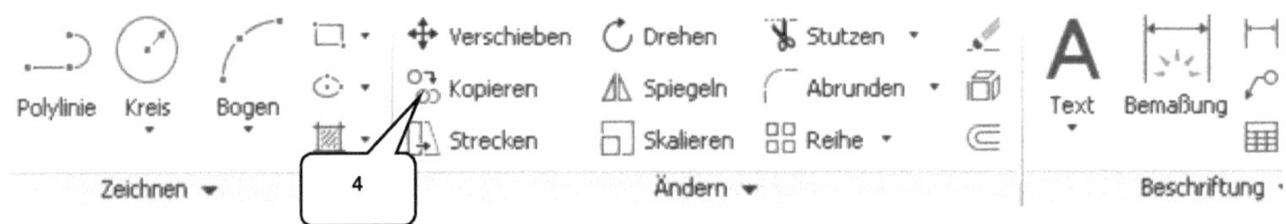

- ⌗ ***Kopieren*** (4)
- Linie wählen (5)
- ***Taste: ENTER***
- Basispunkt wählen (6)

- Ersten Einfügepunkt wählen (7)
- Zweiten Einfügepunkt wählen (8)
- ***Taste: ESC***

4.3.4 Erzeugen weiterer Flaschen

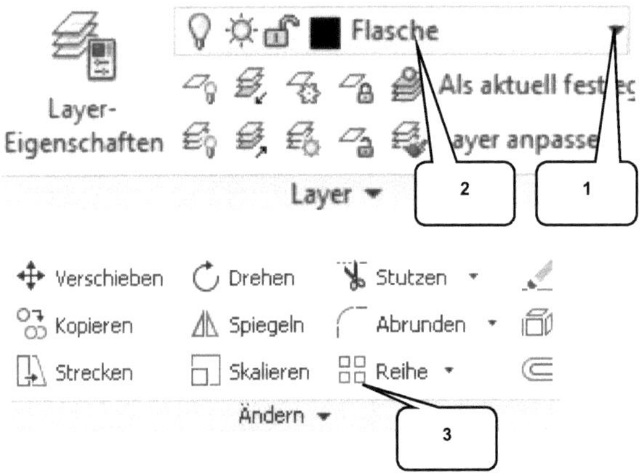

Auch der Kreis ist zu kopieren, wobei diesmal nicht der Befehl ***Kopieren*** sondern der Befehl ⌗ ***Reihe*** zu verwenden ist. Er ermöglicht ein gleichzeitiges Kopieren in mehrere Richtungen und mit präzisen Abständen. Vorab sollte allerdings der passende Layer[7] aktiviert werden, sofern das noch nicht geschehen ist.

- Erweit.: Layer-Auswahl (1)
- Layer: Flasche (2)

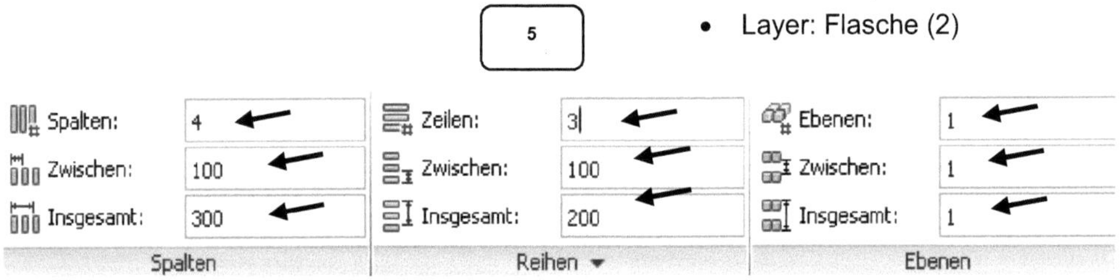

	Spalten:	4		Zeilen:	3		Ebenen:	1
	Zwischen:	100		Zwischen:	100		Zwischen:	1
	Insgesamt:	300		Insgesamt:	200		Insgesamt:	1
	Spalten			Reihen			Ebenen	

---

[7] Generell sollte in regelmäßigen Abständen kontrolliert werden, ob der korrekte Layer eingestellt ist. Nur damit kann gewährleistet werden, dass den Objekten auch die gewünschten Eigenschaften zugewiesen werden.

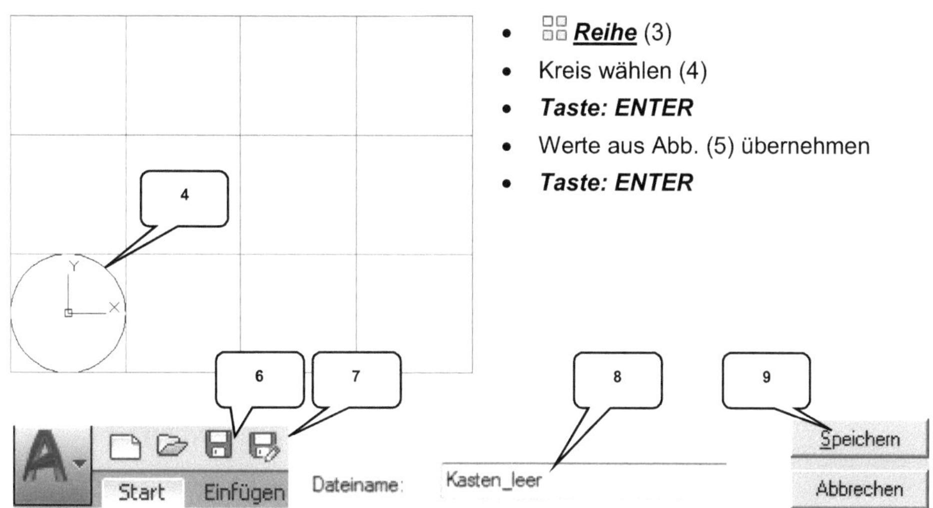

- ▦ **_Reihe_** (3)
- Kreis wählen (4)
- **_Taste: ENTER_**
- Werte aus Abb. (5) übernehmen
- **_Taste: ENTER_**

Sobald die aktuelle Datei erneut 🖫 **_gespeichert_** wurde, muss sie zusätzlich als Kopie unter der Bezeichnung **_Kasten_leer_** abgelegt werden.

- 🖫 **_Speichern_** (6)
- 🖫 **_Speichern unter_** (7)
- Dateiname: [Kasten_leer] (8)

- Dateityp: *.dwg
- Speichern Speichern (9)

4.3.5 Löschen der Kreise und des zugehörigen Layers

Um die Flaschen aus dem Kasten zu entfernen, müssen lediglich die Kreise in der Zeichnung gelöscht werden. Das könnte entweder durch ein Markieren der Kreise und dem anschließenden Drücken der **_Entfernen-Taste_** geschehen, oder etwas eleganter mittels Befehl ✗ **_Löschen_**. Diese Option hat den Vorteil, dass neben den eigentlichen Objekten auch der zugehörige Layer aus der Zeichnung entfernt wird.

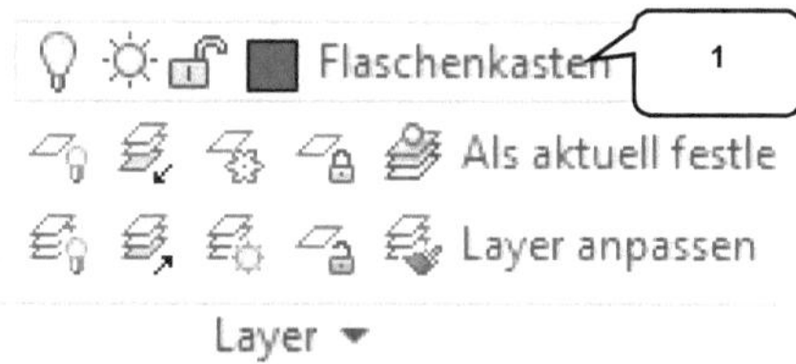

Vorher ist allerdings ein anderer als der zu löschende Layer zu aktivieren, denn aktive Layer können nicht gelöscht werden.

Öffnen Sie in der Befehlsgruppe **_Layer_** das Auswahlmenü und aktivieren Sie den darin enthaltenen Layer **_Flaschenkasten_**.

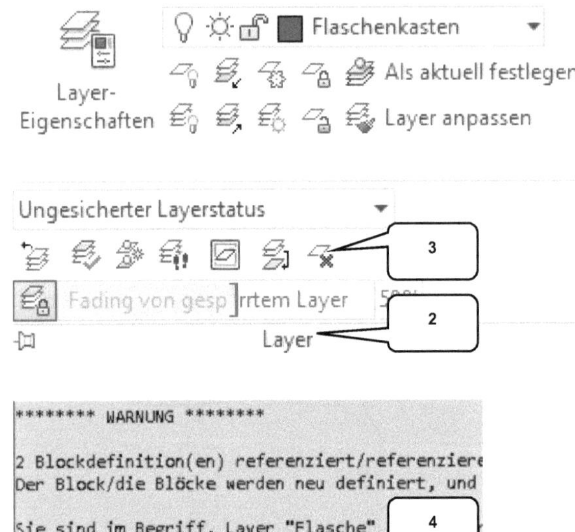

- Layer *Flaschenkasten* aktivieren (1)
- Befehlsgruppe *Layer* erweitern (2)

- *Löschen* (3)
- Einen der Kreise im Zeichenbereich wählen
- *Taste: ENTER*
- Im Eingabefenster [Ja][8] eintragen (4)
- *Taste: ENTER*

- *Speichern*
- Zeichnung schließen

4.4 Paletten zeichnen und Zeichnung speichern
4.4.1 Die vorhandenen Kästen rechteckig anordnen

In einer neuen Zeichnung soll eine Palette samt Kästen und Flaschen in der Draufsicht dargestellt werden. *Öffnen* (1) Sie die Zeichnung *Kasten_voll.dwg* aus dem Projektordner und verwenden Sie den Befehl *Speichern unter* (2), um eine Kopie der Zeichnung als *Palette_voll* (3) zu speichern. Verwenden Sie den Befehl *Reihe*, um alle vorhandenen Flaschen und Kästen zu kopieren. Um mehrere Objekte einer Zeichnung gleichzeitig markieren zu können, kann auch ein *Rahmen*[9] darüber aufgespannt werden. Sollen sogar alle Objekte einer Zeichnung markiert werden, verwendet man am besten die Kombination der *Steuerungstaste* mit der *Taste A*.

---

[8] Bevor ein Layer gelöscht werden kann, muss die o. G. Fehlermeldung bestätigt werden, denn das Löschen eines Layers ist endgültig und nach dem Speichern unwiderruflich.

[9] Sind mehrere Objekte zeitgleich zu markieren, kann bei gedrückter linker Maustaste ein Rahmen darüber aufgespannt werden. Wird er bei gedrückter linker Maustaste von rechts nach links aufgezogen (roter Rahmen), so werden alle vollständig darin liegenden Objekte markiert; wird er von links nach rechts aufgespannt (grüner Rahmen), so werden auch Objekte markiert wenn z. B. nur ein kleiner Teil davon innerhalb des Bereiches liegt.

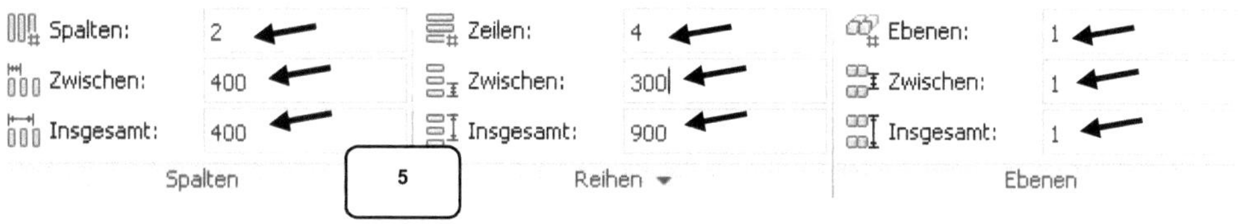

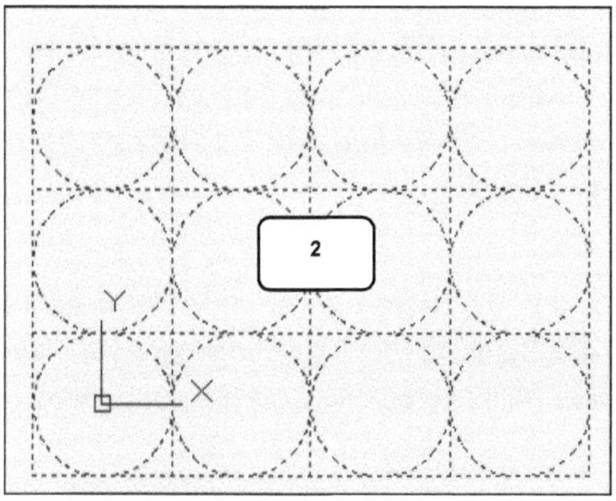

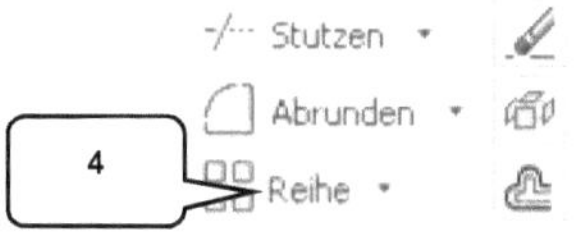

Spalten:	2 ←	Zeilen:	4 ←	Ebenen:	1 ←
Zwischen:	400 ←	Zwischen:	300| ←	Zwischen:	1 ←
Insgesamt:	400 ←	Insgesamt:	900 ←	Insgesamt:	1 ←
Spalten	5	Reihen ▾		Ebenen	

- **Taste: STRG** und **Taste: A** drücken

- ▦ **_Reihe_** (4)
- Werte der oberen Abb. übernehmen (5)
- **Taste: ENTER**

Die Zeichnung kann jetzt 💾 **gespeichert** (6) werden, um anschließend eine Kopie mittels Befehl 💾 **Speichern unter** (7) unter der Bezeichnung **Palette_leer** (8) zu erzeugen.

4.4.2 Der neue Layer: Palette

In der neuen Zeichnung wird der neue Layer **Palette** benötigt, wofür der 🗐 **Layereigen-schaften-Manager** zu starten ist.

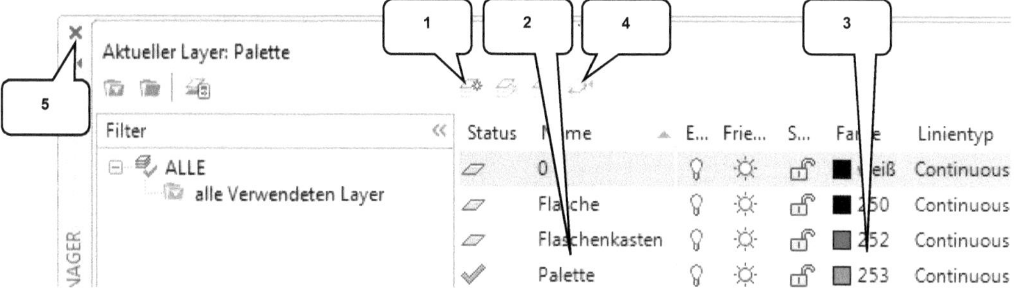

- 🗐 *__Layereigenschaften-Manager__*
- ✍ Neuer Layer (1)
- Name: [Palette] (2)

- Farbe: [253] (3)
- Layer aktivieren (4)
- Fenster schließen (5)

4.4.3   Zeichnen der Palettenkonturen

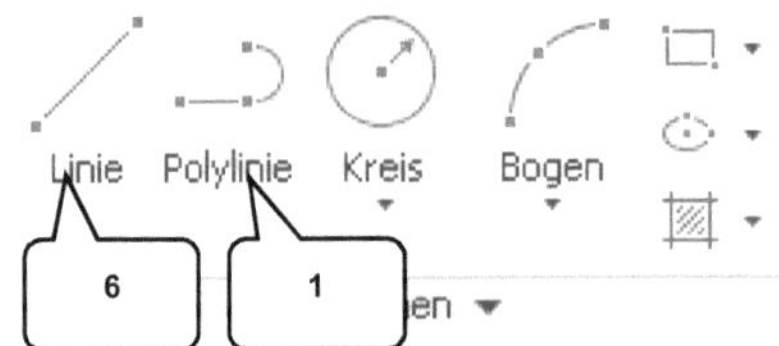

Die Palette soll durch ein Rechteck mit zwei diagonalen Linien symbolisiert werden. Verwenden Sie die Befehle ⤴ *Polylinie* und ╱ *Linie* zum Zeichnen der Objekte.

Starten Sie den Befehl ⤴ *Polylinie* und verbinden Sie nacheinander die in der folgenden Abbildung markierten Eckpunkte. Beenden Sie den Befehl mit der Tastatureingabe [*S*]: Damit wird der letzte Punkt der Polylinie mit dem ersten Punkt verbunden und die Kontur wird geschlossen.

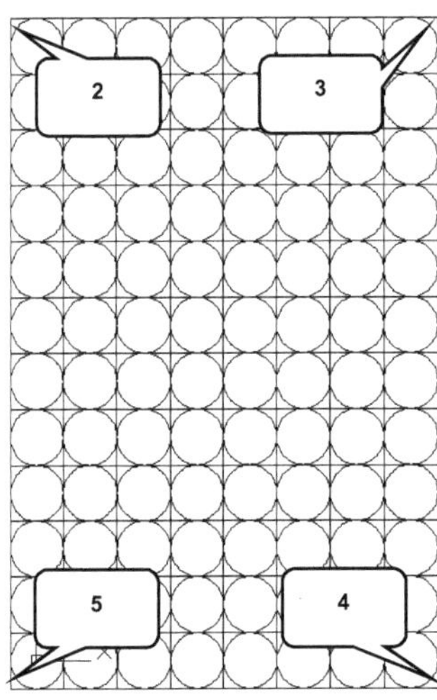

- ⤴ *__Polylinie__* (1)
- Startpunkt: Markierter Punkt (2)
- Nächster Punkt: Markierter Punkt (3)
- Nächster Punkt: Markierter Punkt (4)
- Nächster Punkt: Markierter Punkt (5)
- Tastatureingabe: [S]
- *Taste: ENTER*

Kästen und Flaschen können jetzt aus der Zeichnung gelöscht werden. Markieren Sie dafür einen der Kreise[10] und drücken Sie die *Taste: ENTF*. Um das Rechteck um zwei Diagonalen ergänzen zu können ist im Anschluss daran der Befehl ╱ *Linie* zu starten.

---

[10] Dabei sollte darauf geachtet werden, nicht die zuletzt erstellte Polylinie zu markieren, sondern ausschließlich einen der Kreise anzuklicken.

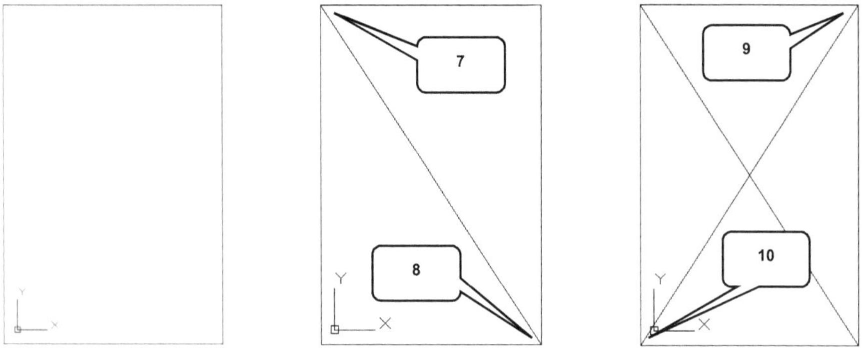

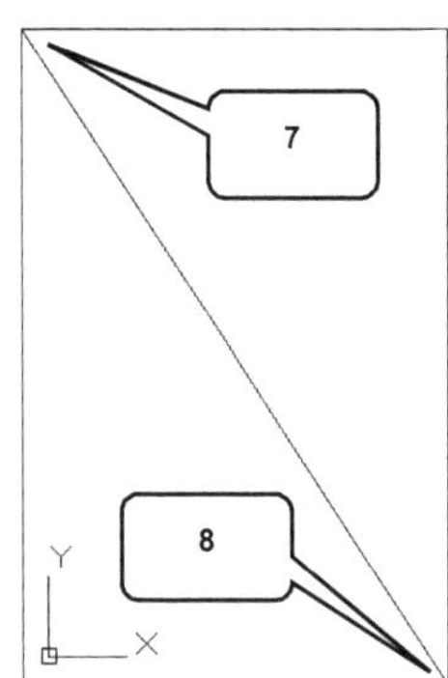

- ⁄ **_Linie_** (6)
- Erster Punkt: Markierter Punkt (7)
- Zweiter Punkt: Markierter Punkt (8)
- **_Taste: ESC_**

- ⁄ **_Linie_** (6)
- Erster Punkt: Markierter Punkt (9)
- Zweiter Punkt: Markierter Punkt (10)
- **_Taste: ESC_**

Die Datei kann anschließend 🖫 **_gespeichert_** und geschlossen werden.

4.5   Die Konstruktion des ersten Maschinensymbols
4.5.1   Erstellen einer neuen Zeichnung

Starten Sie den Befehl 🗋 **_Neu_** und wählen Sie die Vorlage **_acadiso.dwt_**. 🖫 **_Speichern_** Sie die Zeichnung im Projektordner ab und verwenden Sie die Bezeichnung: **_01_02_Kästen_von_Paletten_heben_**.

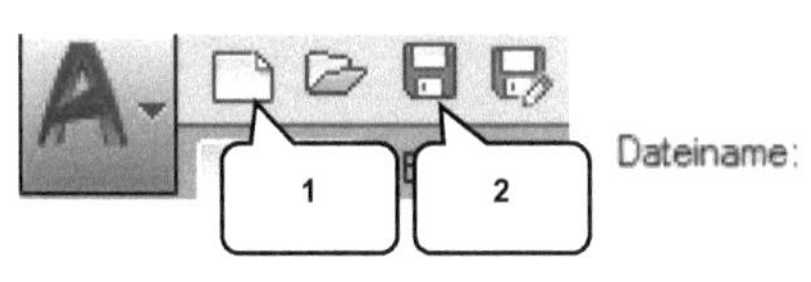

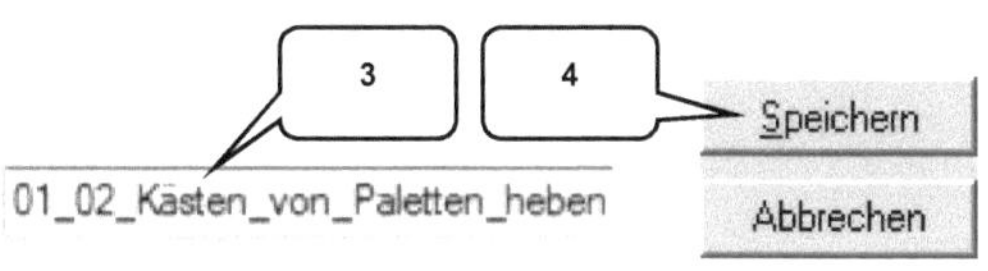

- 🗋 **_Neu_** (1)
- Vorlage: acadiso.dwt
- Öffnen

- 🖫 **_Speichern_** (2)
- Dateiname:
  [01_02_Kästen_von_Paletten_heben] (3)
- Dateityp: *.dwg
- Speichern (4)

4.5.2 Der neue Layer: Kästen_von_Palette_heben

Starten Sie den 🗐 **Layereigenschaften-Manager** und erstellen Sie einen neuen Layer unter der Bezeichnung **Kästen_von_Palette_heben** mit den folgenden Eigenschaften:

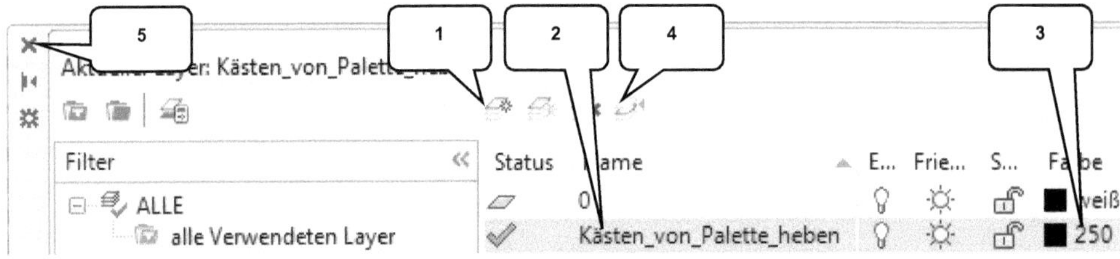

- 🗐 **_Layereigenschaften-Manager_**
- ⊿ Neuer Layer (1)
- Name: [Kästen_von_Palette_heben] (2)

- Farbe: [250] (3)
- Layer aktivieren (4)
- Fenster schließen (5)

4.5.3 Zeichnen der Maschine

Verwenden Sie die Befehle ⁄ **Linie**, ⌐ **Polylinie** und ▭ **Rechteck**, um die folgende Zeichenkontur[11] zu erzeugen (der Punkt **P0** kennzeichnet den Koordinatenursprung).

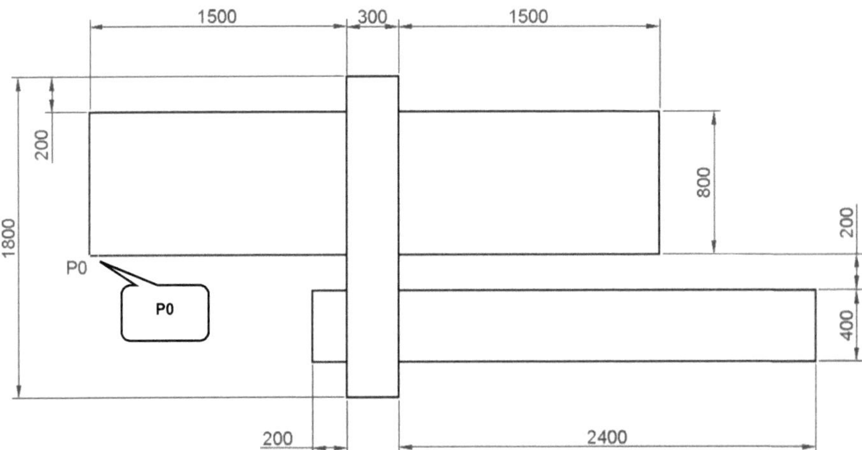

---

[11] Wurde ein Punkt falsch positioniert, so kann per Texteingabe [Z] und der **Taste: ENTER** ein Schritt zurückgesprungen werden, um den Fehler korrigieren zu können.

4.5.4 Einfügen eines Blocks in die Zeichnung (Palette_Voll)

In der folgenden Übung soll die Zeichnung **Palette_Voll.dwg** als Block[12] in die aktuelle Zeichnung importiert werden. Der Block kann im Anschluss daran nahe der bereits gezeichneten Maschine per Klick der linken Maustaste abgelegt werden.

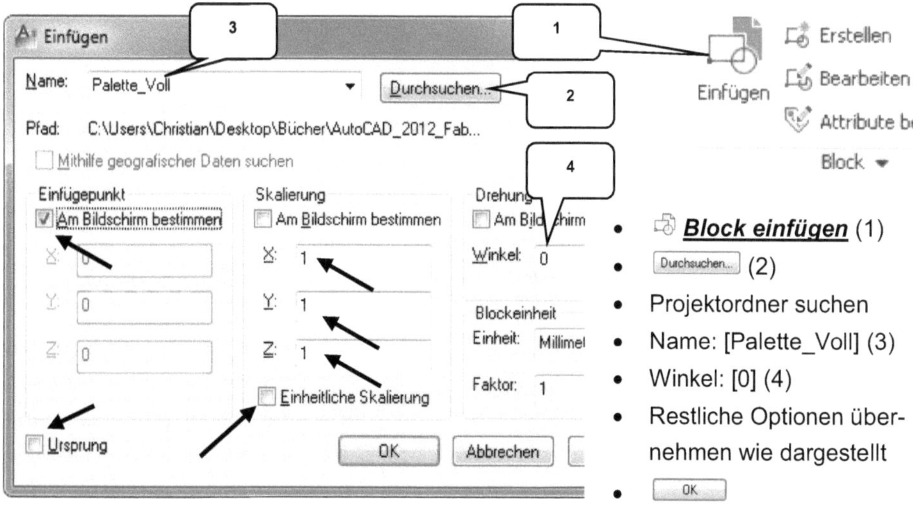

- 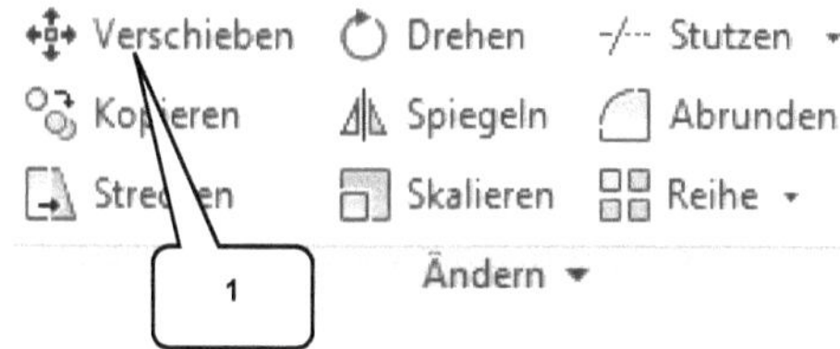 **Block einfügen** (1)
- `Durchsuchen...` (2)
- Projektordner suchen
- Name: [Palette_Voll] (3)
- Winkel: [0] (4)
- Restliche Optionen übernehmen wie dargestellt
- `OK`

4.5.5 Verschieben der Palette

Zur genauen Positionierung der Palette kann der Befehl **Verschieben** verwendet werden. Start- und Endpunkt sind dabei nacheinander anzuklicken.

- **Verschieben** (1)
- Palette wählen (2)
- *Taste: ENTER*
- Basispunkt wählen (3)
- Zielpunkt wählen (4)

---

[12] **Blöcke** sind zusammengefasste Gruppierungen verschiedener Objekte. Sie werden innerhalb einer Zeichnung gespeichert, können aber auch als externe Zeichnung gespeichert werden, bzw. von einer AutoCAD-Zeichnung in eine andere AutoCAD-Zeichnung importiert werden.

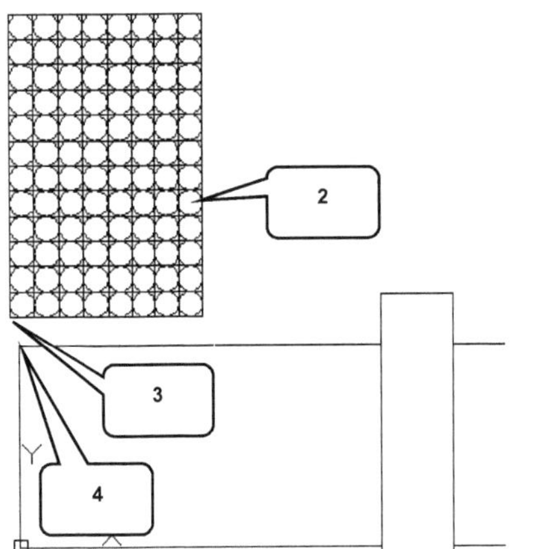
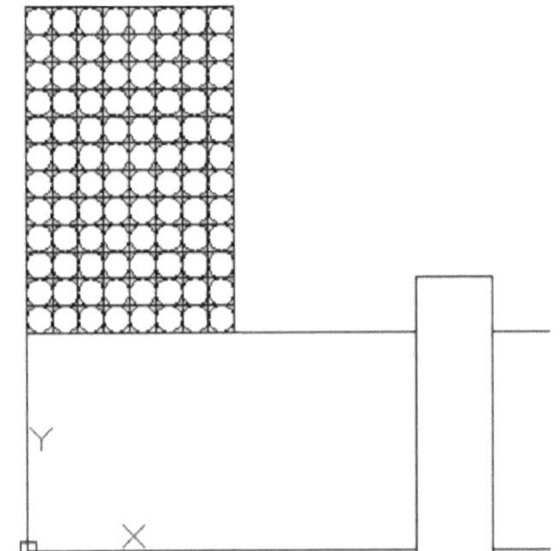

4.5.6 Die Palette um 90 Grad drehen

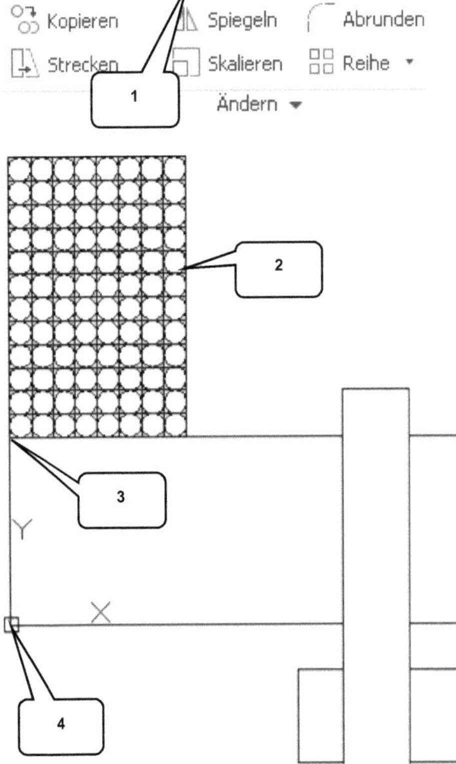

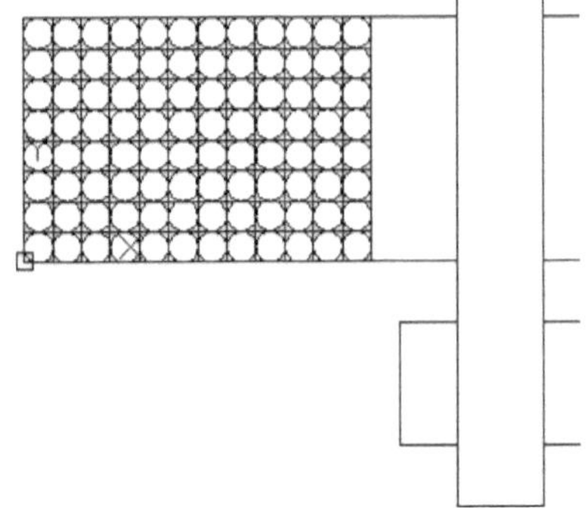

↻ **Drehen** Sie die Palette um 90 Grad im UZS. Der Winkel kann dabei entweder über eine Tastatureingabe festgelegt, oder durch zwei Punkte definiert werden.

- ↻ **_Drehen_** (1)
- Palette wählen (2)
- **_Taste: ENTER_**
- Ersten Punkt wählen (3)
- Zweiten Punkt wählen (4)

4.5.7 Einen weiteren Block in die Zeichnung einfügen (Palette_Leer)

Im folgenden Schritt ist der Block **Palette_Leer** in die Zeichnung einzufügen, welcher während des Einfügens um 90 Grad zu drehen ist. Auch die leere Palette kann in der Nähe der Maschine frei abgelegt werden.

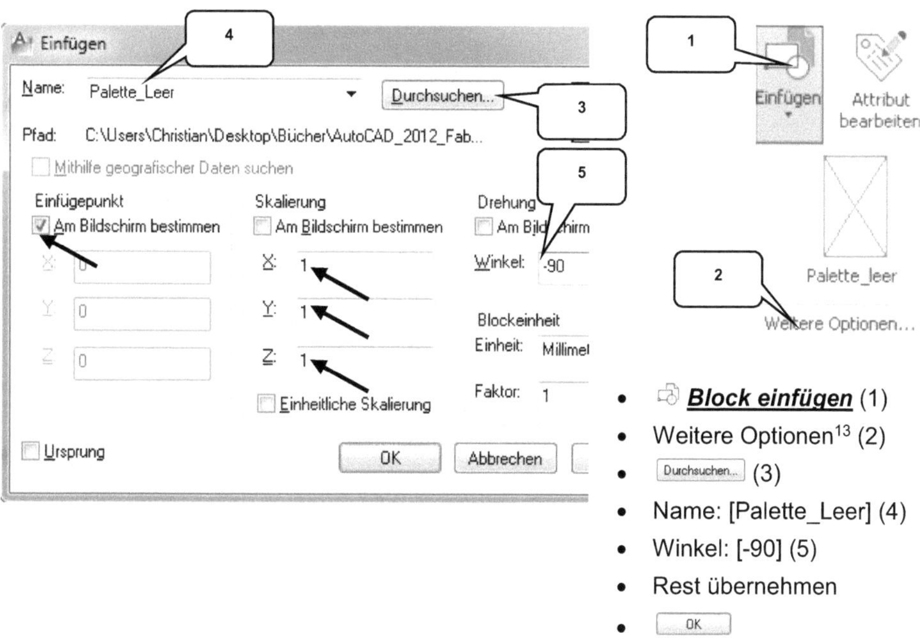

- **Block einfügen** (1)
- Weitere Optionen[13] (2)
- Durchsuchen... (3)
- Name: [Palette_Leer] (4)
- Winkel: [-90] (5)
- Rest übernehmen
- OK

4.5.8 Verschieben der Palette

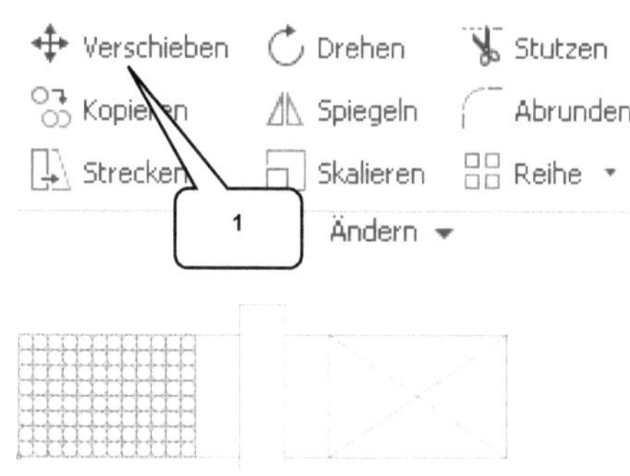

Nach der Drehung der Palette muss sie noch auf die Zielposition **verschoben** werden.

- **Verschieben** (1)
- Leere Palette wählen (2)
- **Taste: ENTER**
- Basispunkt wählen (3)
- Zielpunkt wählen (4)

---

[13] Wird der Befehl **Block einfügen** gestartet wenn bereits ein Block in der Zeichnung vorhanden ist, dann steht die Auswahl eines neuen Blocks (3) erst zur Verfügung, wenn die **Weiteren Optionen** (2) aktiviert wurden.

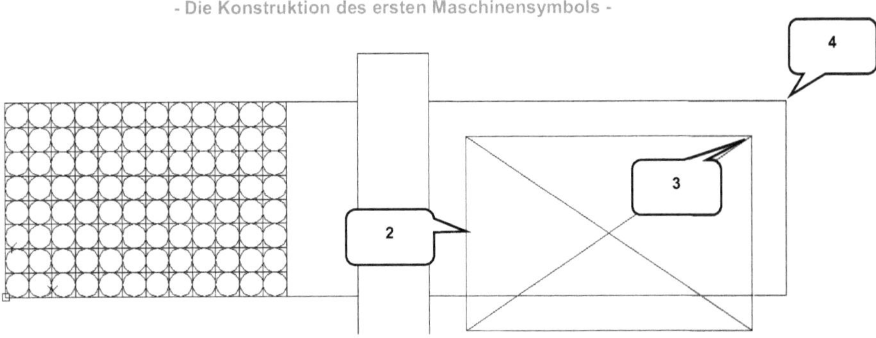

4.5.9 Einen weiteren Block in die Zeichnung einfügen (Kasten_Voll)

Fügen Sie den Block **Kasten_Voll** in die Zeichnung ein und positionieren Sie das Objekt.

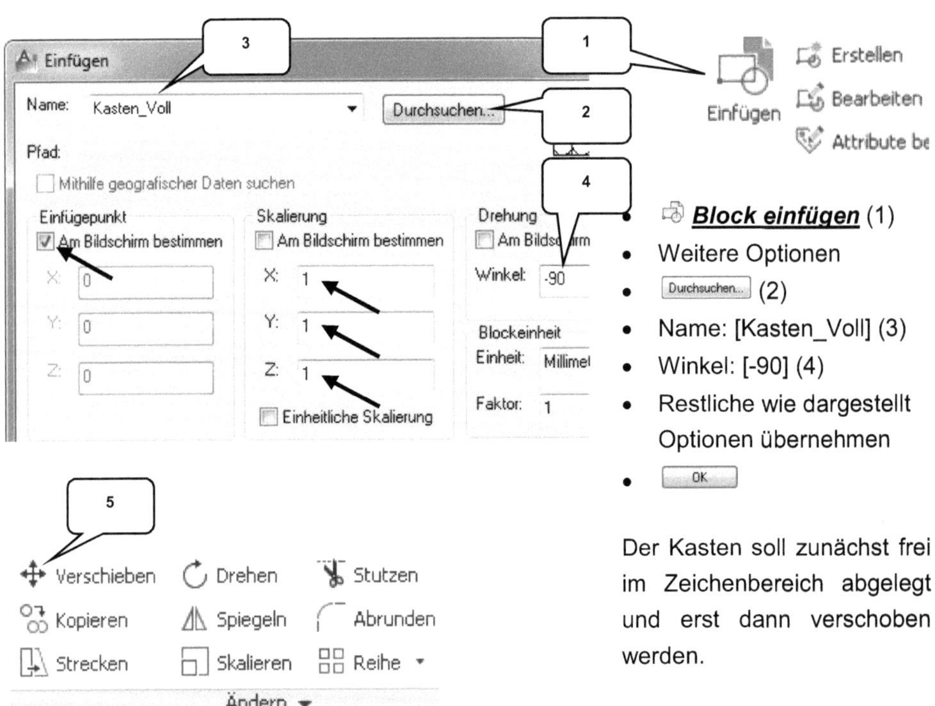

- **Block einfügen** (1)
- Weitere Optionen
- Durchsuchen... (2)
- Name: [Kasten_Voll] (3)
- Winkel: [-90] (4)
- Restliche wie dargestellt Optionen übernehmen
- OK

Der Kasten soll zunächst frei im Zeichenbereich abgelegt und erst dann verschoben werden.

- **Verschieben** (5)
- Kasten wählen (6)
- **Taste: ENTER**
- Basispunkt wählen (7)
- Zielpunkt wählen (8)

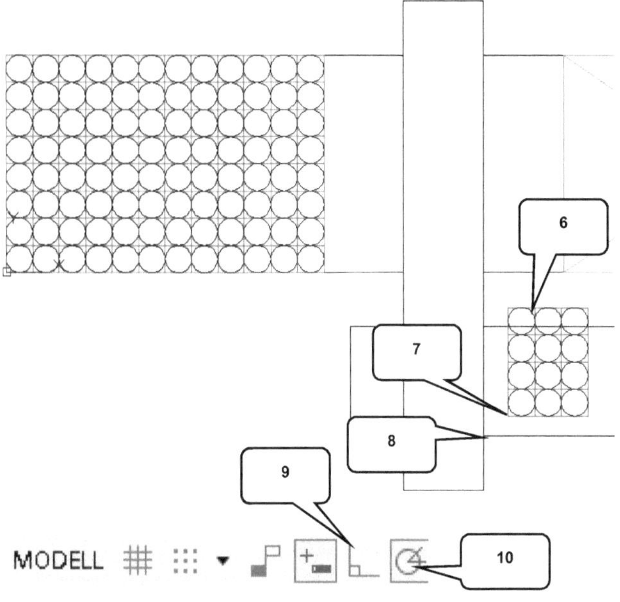

Um das Objekt 300 mm horizontal nach rechts verschieben zu können, sollte der ⌐ **Ortho-Modus**[14] temporär aktiviert werden.

- ⌐ **Ortho-Modus** aktivieren (9)

- ✥ **_Verschieben_** (5)
- Kasten wählen (6)
- **Taste: ENTER**
- Basispunkt wählen (8)
- Maus waagerecht nach rechts ziehen
- Wert: [300] eingeben
- **Taste: ENTER**

4.5.10 Kopieren eines Blocks (Kasten_Voll)

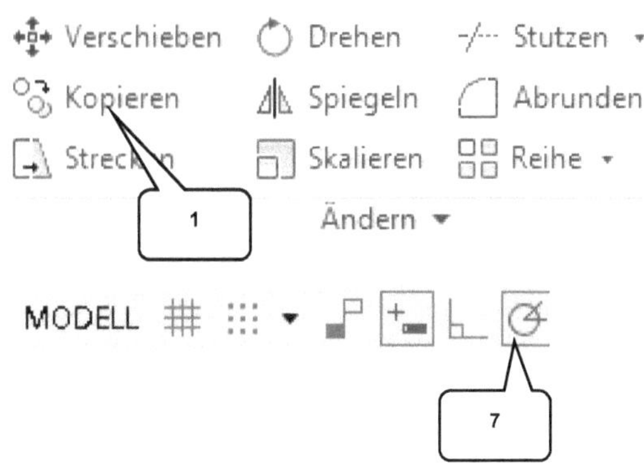

Der volle Kasten ist drei weitere Male zu °⏳ **kopieren**. Der jeweilige Abstand der Kästen zueinander soll dabei jeweils 300 mm betragen.

- °⏳ **_Kopieren_** (1)
- Kasten markieren (2)
- **Taste: ENTER**
- Nacheinander die Punkte (3), (4), (5) und (6) wählen
- **Taste: ESC**
- ⌀ **Polare Spur** aktivieren (7)

---

[14] Bei aktiviertem ⌐ **Ortho-Modus** können Zeichnungsbewegungen nur in horizontaler und vertikaler Richtung durchgeführt werden. Diese Möglichkeit vereinfacht das Zeichnen einfacher geometrischer Objekte. Bei aktiviertem **Ortho-Modus** wird die Option ⌀ **Polare Spur** (10) automatisch deaktiviert.

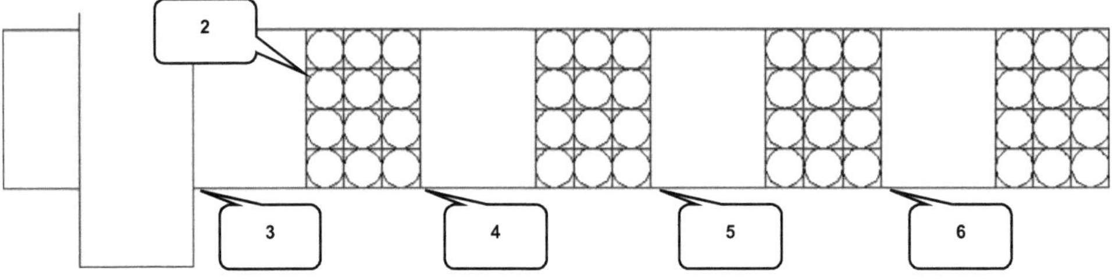

4.5.11 Markieren der Transportband-Laufrichtung

Richtungspfeile sollen die Laufrichtung der Transportbänder symbolisieren. Sie können durch den Block **Pfeil** importiert werden, der bereits in der Zeichnung vorhanden ist.

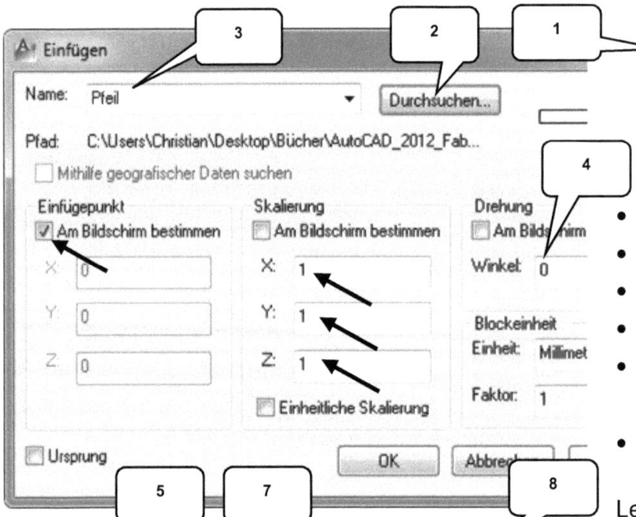

Block einfügen (1)

- Weitere Optionen
- Durchsuchen... (2)
- Name: [Pfeil] (3)
- Winkel: [0] (4)
- Restliche Optionen wie dargestellt übernehmen
- OK

Legen Sie den ersten Pfeil in etwa auf Pos. (5) ab und fügen Sie noch zwei Pfeile ein.

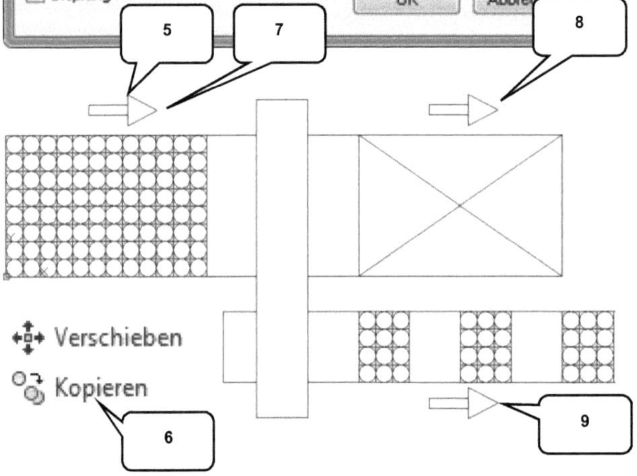

- **Kopieren** (6)
- Pfeil markieren (5)
- **Taste: ENTER**
- Basispunkt wählen (7)
- 1. Zielpunkt wählen (8)
- 2. Zielpunkt wählen (9)
- **Taste: ESC**

4.5.12 Beschriften der Maschine

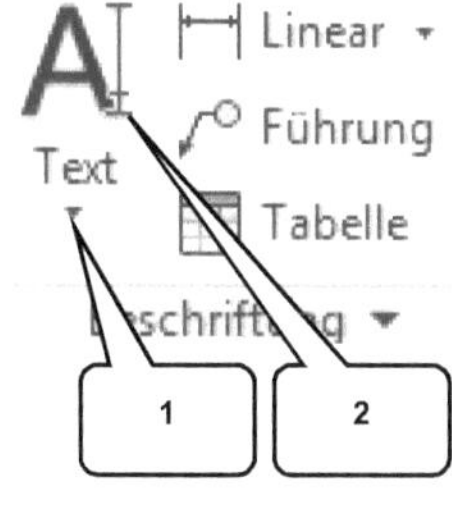

Um einen zusätzlichen, einzeiligen Text in die Zeichnung einfügen zu können, muss das Befehlsmenü *Text* erweitert werden. Der darin enthaltene Befehl A *Einzelne Linie* kann jetzt aktiviert werden.

- Befehlsmenü *Text* erweitern (1)
- A *Einzelne Linie* (2)
- Startpunkt setzen (3)
- Wert für Höhe eingeben: [100]
- *Taste: ENTER*

- Wert für Drehwinkel eingeben: [0]
- *Taste: ENTER*
- Text eingeben:
  [Kästen von Paletten heben]
- *Taste: ENTER > Taste: ENTER*

Die Zeichnung kann jetzt ▤ *gespeichert* und *geschlossen* werden.

4.6 Die Produktionslinie
4.6.1 Erzeugen einer neuen Zeichnung

Starten Sie den Befehl ▯ *Neu*, wählen Sie aus den vorhandenen Vorlagen die *acadiso.dwt* aus und ▤ *speichern* Sie die Zeichnung im Projektordner unter der Bezeichnung *01_00_Produktionslinie*.

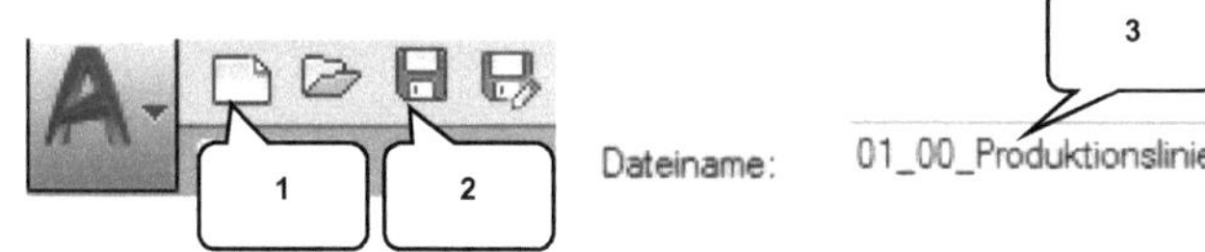

- ▯ *Neu* (1)
- Vorlage: acadiso.dwt
- Öffnen

- ▤ *Speichern* (2)
- Dateiname: [01_00_Produktionslinie] (3)
- Dateityp: *.dwg
- Speichern (4)

4.6.2 Die Maschinen der Produktionslinie importieren

In der folgenden Übung sollen Blöcke unter Verwendung des Benutzerkoordinatensystems in die Zeichnung eingefügt werden. Jede Zeichnung besitzt den Koordinatenursprungspunkt und die drei Hauptachsen (X, Y, Z). Wurde ein Zeichenelement bereits darauf bezogen konstruiert, so kann diese Position auch in anderen Zeichnungen verwendet werden, sofern sie als Block darin eingefügt wird.

Hierfür muss beim Einfügen eines Blocks lediglich die Option *Einfügepunkt am Bildschirm bestimmen* deaktiviert werden.

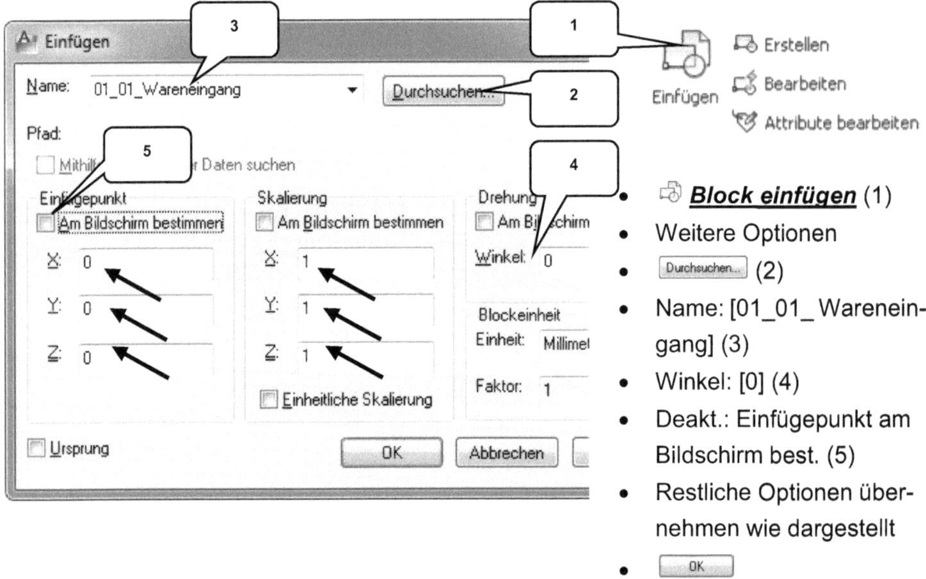

- 🔲 **Block einfügen** (1)
- Weitere Optionen
- Durchsuchen... (2)
- Name: [01_01_ Warenein-gang] (3)
- Winkel: [0] (4)
- Deakt.: Einfügepunkt am Bildschirm best. (5)
- Restliche Optionen übernehmen wie dargestellt
- OK

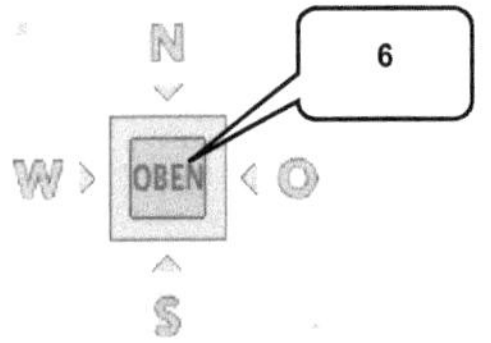

Um das neue Objekt im Fensterbereich der Zeichnung sichtbar zu machen, kann am *ViewCube* die Ansicht *OBEN* (6) aktiviert werden und die Ansicht wird danach gezoomt.

Nach der Platzierung sind weitere Blöcke zu importieren, wobei dieselben Einstellungen zu verwenden sind. Wiederholen Sie dafür den Befehl 🔲 *Einfügen*, bis alle folgenden Objekte in die Zeichnung importiert worden sind:

<u>Fügen Sie nacheinander die folgenden Blöcke ein:</u>

- 01_03_Palettenspeicher
- 01_04_Flaschen_aus_Kästen_heben
- 01_05_Kastenwaschmaschine
- 01_06_Kastenspeicher
- 01_07_Flaschenspeicher_01
- 01_08_Flaschenkontrolle_01
- 01_09_Flaschenwaschmaschine

- 01_10_Flaschenkontrolle_02
- 01_11_Flaschenspeicher_02
- 01_12_Füllen_Schließen_Etikettieren
- 01_13_Flaschen_in_Kästen_heben
- 01_14_Kästen_auf_Paletten_heben
- 01_15_Warenausgang
- 01_16_Flaschentransportsystem

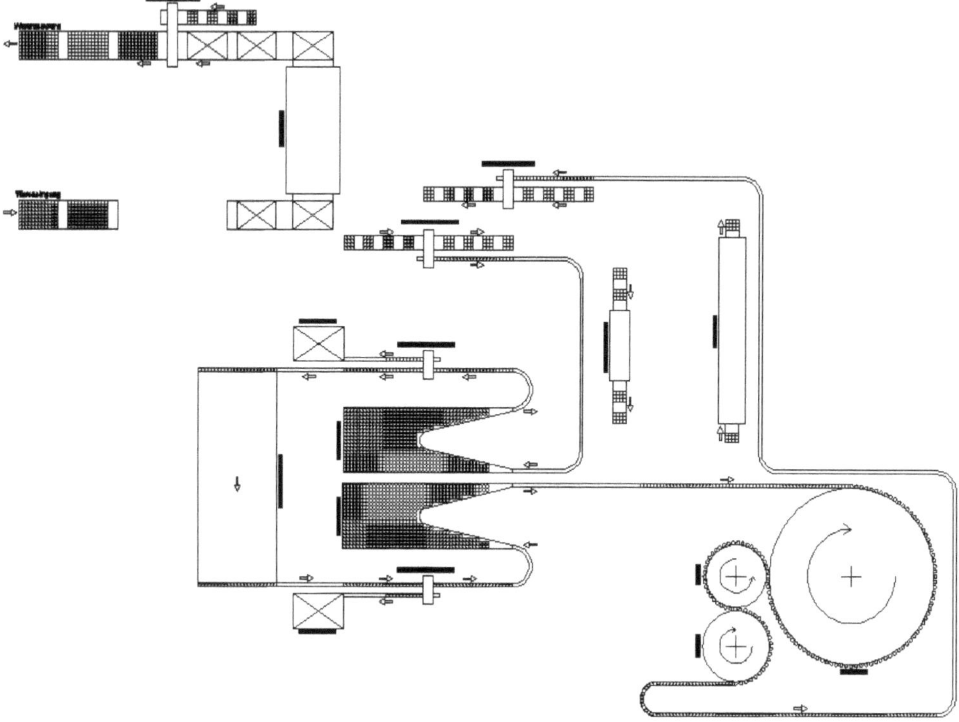

Im Resultat sollte sich die in der oberen Abbildung dargestellte Konstellation verschiedener Maschinen und Transportsysteme zeigen, wenn alle importierten Objekte auf den Koordinatenursprung bezogen platziert wurden. Die folgende Maschine soll ebenfalls als Block in die Zeichnung importiert werden. Sie soll diesmal allerdings nicht auf den Koordinatenursprungs bezogen werden, sondern ist manuell auszurichten.

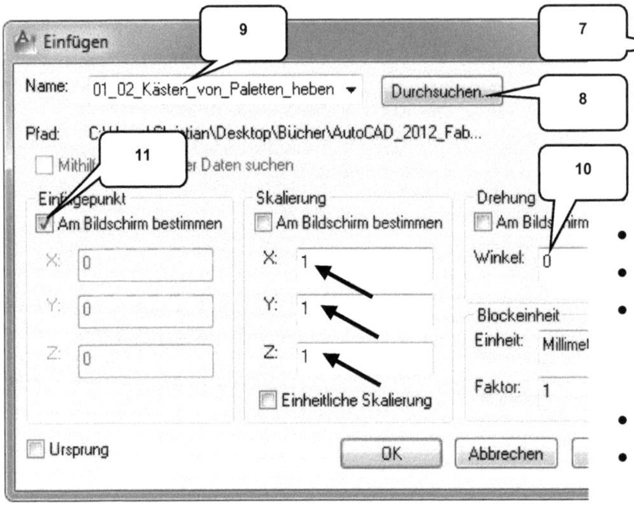

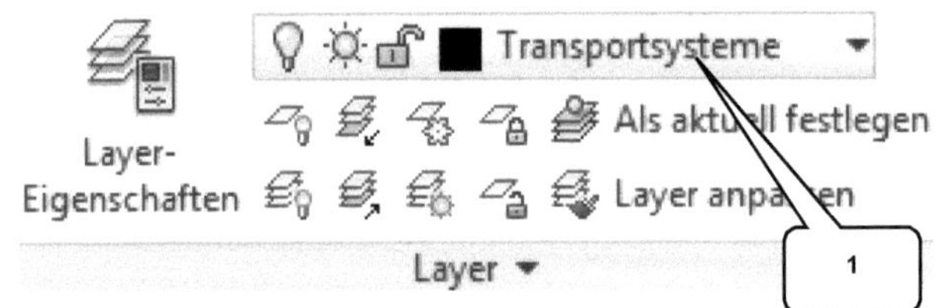

Block einfügen (7)

- Weitere Optionen
- Durchsuchen... (8)
- Name:
  [01_02_Kästen_von_
  Paletten_heben] (9)
- Winkel: [0] (10)
- Aktivieren:
  Einfügepunkt Am Bild-
  schirm bestimm. (11)
- Restliche Optionen wie
  dargestellt übernehmen
- OK

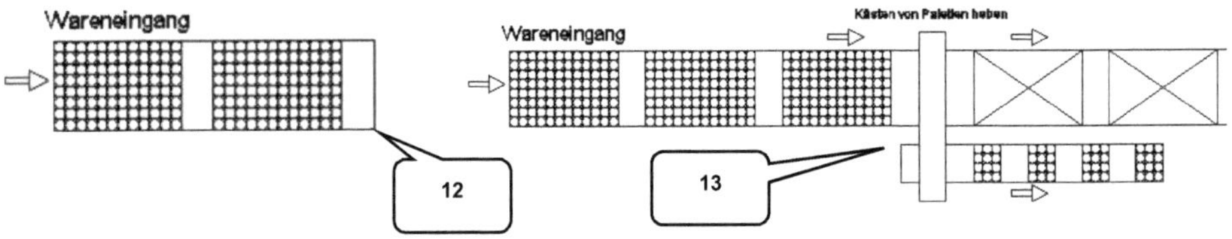

Das Objekt müsste jetzt noch frei am Mauszeiger hängen und kann auf der markierten Ecke des Wareneingangs (12) abgelegt werden. Es sollte genau zwischen Wareneingang und Transportband des Palettenspeichers passen, was andernfalls mittels Befehl **Verschieben** korrigiert werden kann.

4.6.3   Aktivierung des Layers: Transportsysteme

Aktivieren Sie den Layer **Transportsysteme**:

- Layer **Transportsysteme** auswählen (1)

4.6.4   Das Kastentransportsystem

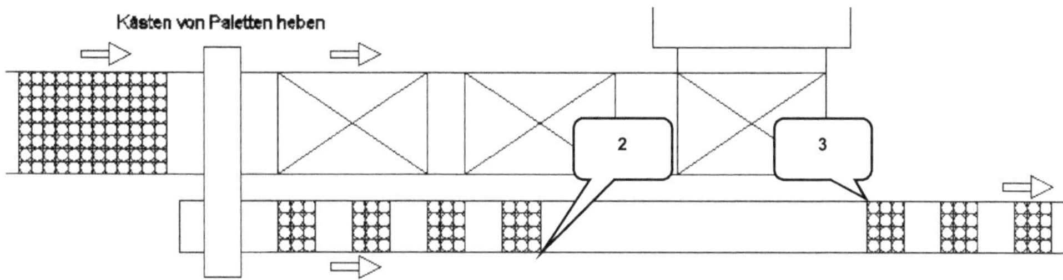

Zwischen den beiden Maschinen **Kästen von Palette heben** und **Flaschen aus Kästen heben**, soll das fehlende Kastentransportband durch ein ⬜ **Rechteck** symbolisiert werden.

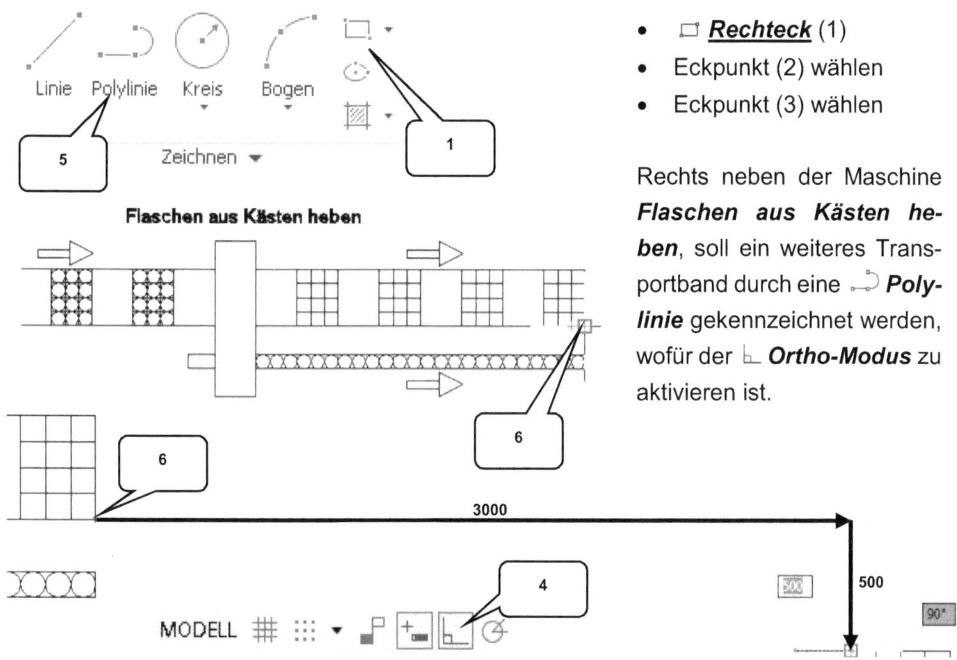

- ⬜ **Rechteck** (1)
- Eckpunkt (2) wählen
- Eckpunkt (3) wählen

Rechts neben der Maschine **Flaschen aus Kästen heben**, soll ein weiteres Transportband durch eine ⌐ **Polylinie** gekennzeichnet werden, wofür der ⌐ **Ortho-Modus** zu aktivieren ist.

- ⌐ **Ortho-Modus** aktivieren (4)
- ⌐ **Polylinie** (5)
- Startpunkt wählen (6)
- Maus waagerecht nach rechts ziehen
- Tastatureingabe: [3000]

- **Taste: ENTER**
- Maus senkrecht nach unten ziehen
- Tastatureingabe: [500]
- **Taste: ENTER**
- **Taste: ESC**

4.6.5 Bearbeiten und Versetzen der Polylinie

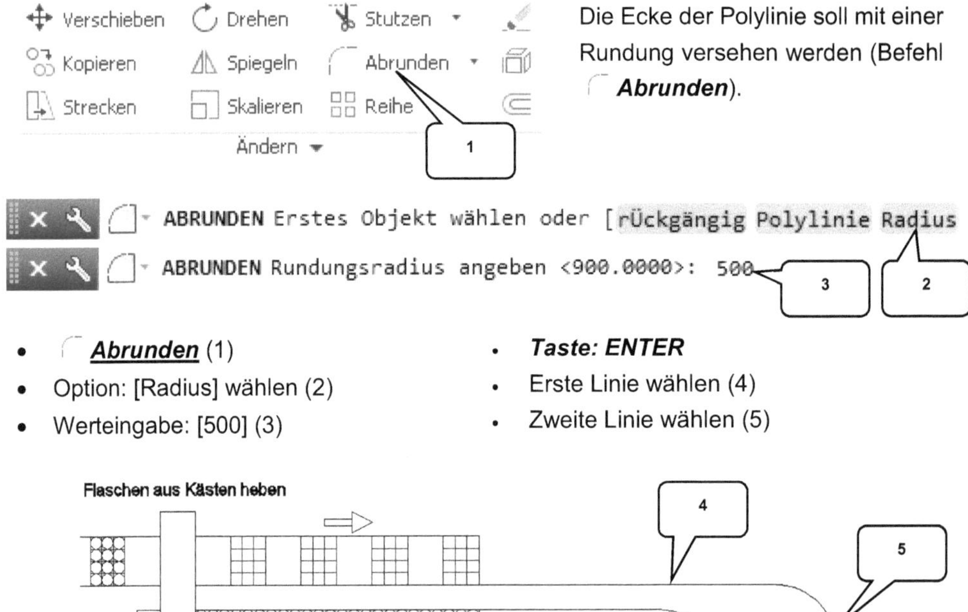

Die Ecke der Polylinie soll mit einer Rundung versehen werden (Befehl *Abrunden*).

- *Abrunden* (1)
- Option: [Radius] wählen (2)
- Werteingabe: [500] (3)

- **Taste: ENTER**
- Erste Linie wählen (4)
- Zweite Linie wählen (5)

Die abgerundete Polylinie ist jetzt als Kopie in einem Abstand von 400 mm *versetzt* anzuordnen.

- *Versetzen* (6)
- Abstand: [400] eingeben
- **Taste: ENTER**
- Polylinie wählen (7)
- Auf einen beliebigen Punkt[15] im Bereich (8) klicken
- **Taste: ESC**

---

[15] Beim *Versetzen* von Objekten wird mit der Position (3) nicht die Zielreferenz des neuen Objektes festgelegt, sondern lediglich die Richtung (vom Original aus gesehen). Der Abstand zwischen dem Original und der Kopie (400 mm) wurde in der vorangegangenen Befehlskette bereits definiert.

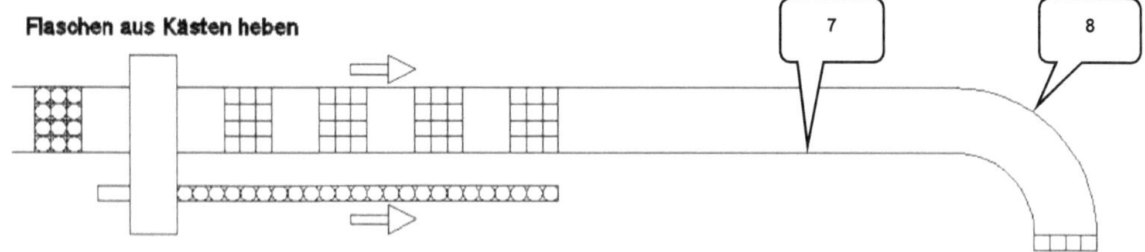

4.6.6 Kastenwaschmaschine mit Kastenspeicher verbinden

Kastenwaschmaschine und **Kastenspeicher** sind ebenfalls miteinander zu verbinden. Wiederholen Sie dafür die Befehle **Polylinie**, **Abrunden** und **Versetzen**.

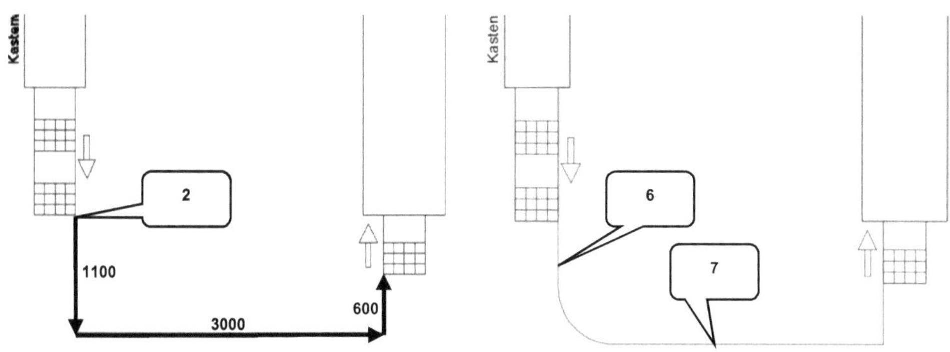

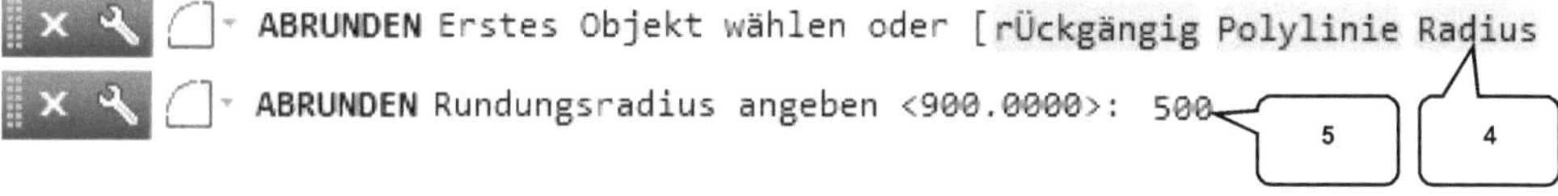

- **Polylinie** (1)
- Startpunkt wählen (2)
- Linie 1100 mm nach unten zeichnen
- Linie 3000 mm nach rechts zeichnen
- Linie 600 mm nach oben zeichnen
- **Taste: ESC**

- **Abrunden** (3)
- Option: [Radius] wählen (4)
- Werteingabe: [500] (5)
- **Taste: ENTER**
- Erste Linie wählen (6)
- Zweite Linie wählen (7)

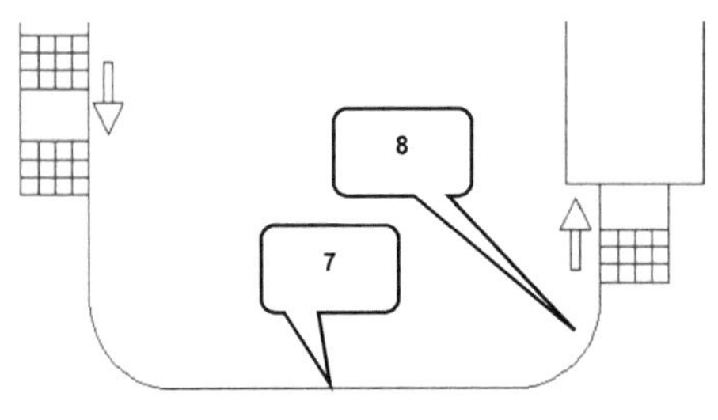

- ⌒ **_Abrunden_** (3)
- Option: [Radius] wählen (4)
- Werteingabe: [500] (5)
- **_Taste: ENTER_**
- Zweite Linie wählen (7)
- Dritte Linie wählen (8)

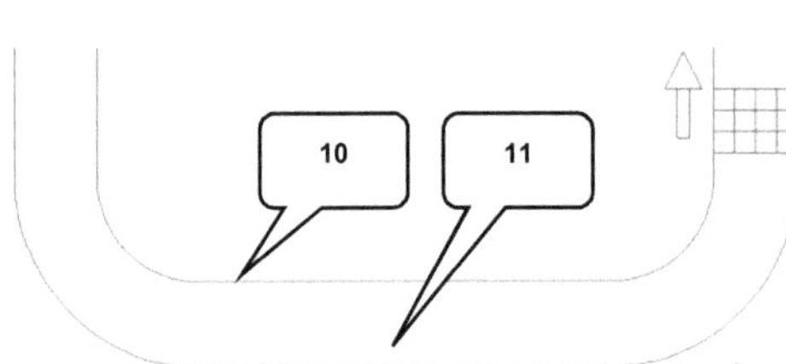

- ⊆ **_Versetzen_** (9)
- Abstand: [400] eingeben
- **_Taste: ENTER_**
- Polylinie wählen (10)
- Auf beliebigen Punkt im Bereich (11)
  klicken > **_Taste: ESC_**

4.6.7 Kastenspeicher mit Flaschenheber verbinden

Die beiden Maschinen **_Kastenspeicher_** und **_Flaschenheber_** sind ebenfalls durch ein Transportband miteinander zu verbinden.

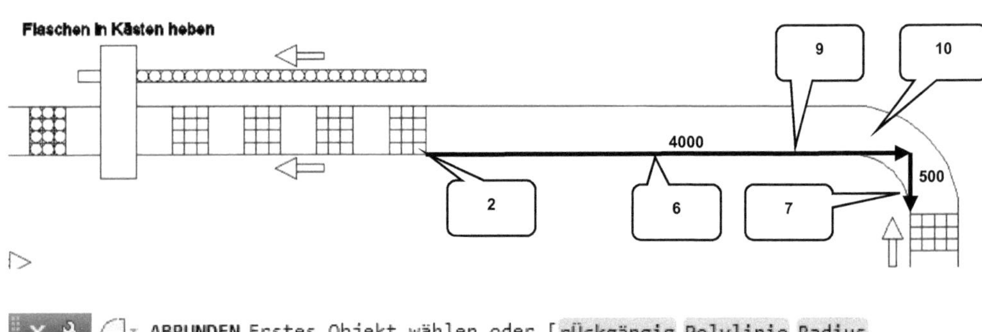

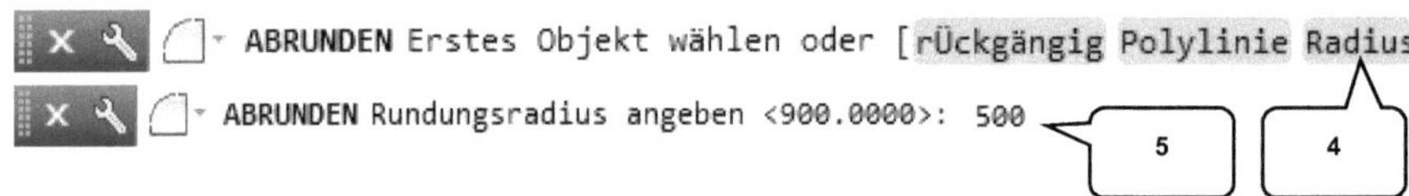

- ⟿ **_Polylinie_** (1)
- Startpunkt (2) wählen
- Linie 4000 mm nach rechts zeichnen
- Linie 500 mm nach unten zeichnen
- **_Taste: ESC_**

- ⌐ **_Abrunden_** (3)
- Option: [Radius] wählen (4)
- Werteingabe: [500] (5)
- **_Taste: ENTER_**

- Erste Linie wählen (6)
- Zweite Linie wählen (7)

- ⊑ **_Versetzen_** (8)
- Abstand: [400] eingeben
- **_Taste: ENTER_**
- Polylinie wählen (9)
- Auf beliebigen Punkt im Bereich (10) klicken
- **_Taste: ESC_**

4.6.8 Flaschenheber mit Kastenheber verbinden

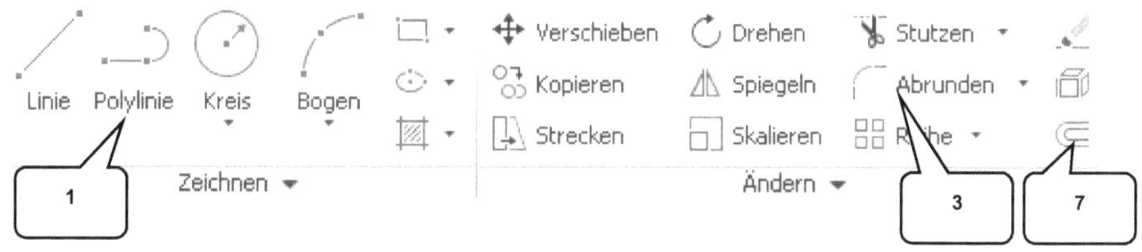

Kasten- und **Flaschenheber** sollen auch miteinander verbunden werden.

- ⟿ **_Polylinie_** (1)
- Startpunkt wählen (2)
- Linie 3000 mm nach rechts zeichnen
- Linie 5000 mm nach unten zeichnen
- Linie 2050 mm nach rechts zeichnen
- **_Taste: ESC_**

- ⌐ **_Abrunden_** (3)
- Option: [Radius] wählen
- Werteingabe: [500]
- **_Taste: ENTER_**
- Erste Linie wählen (4)
- Zweite Linie wählen (5)

- ⌐ **_Abrunden_** (3)
- Option: [Radius] wählen
- Werteingabe: [500]
- **_Taste: ENTER_**
- Zweite Linie wählen (5)
- Dritte Linie wählen (6)

- ⊑ **_Versetzen_** (7)
- Abstand: [400] eingeben
- **_Taste: ENTER_**
- Polylinie wählen (8)
- Auf beliebigen Punkt im Bereich (9) klicken
- **_Taste: ESC_**

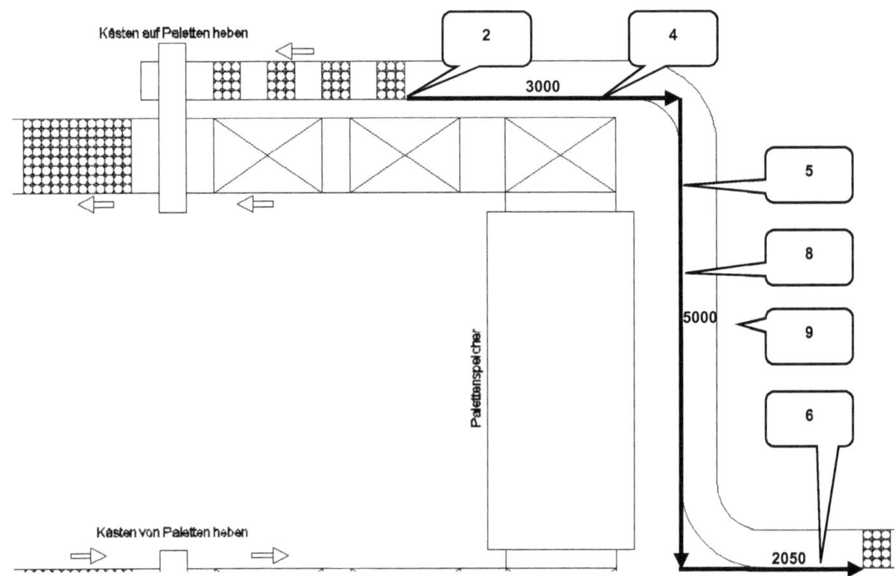

4.6.9   Berechnung des Platzbedarfes vom Produktionsbereich

Zur Ermittlung der maximalen Abmessungen der gesamten Anlage ist der Befehl ▭ **Messen** zu starten. Die Maße werden später benötigt, um die Produktionshalle planen zu können.

- ▭ **_Messen_** (1)
- Punkt (2) wählen
- Punkt (3) wählen

Das Programm stellt jetzt einige Messwerte zur Verfügung. Darin wird unter anderem die gesamte **Länge** (4) und die gesamte **Höhe** (5) des Produktionsbereiches mit **29 x 20 m** angegeben. Diese Grundfläche zuzüglich eines umlaufenden Sicherheitsbereiches um die gesamte Anlage von einem Meter, ergibt die benötigte Gesamtfläche von **31 x 22 m**. Sie ist für die folgende Planung ausschlaggebend.

Beenden Sie den Befehl mit der **Taste: ESC**, ▭ **speichern** Sie danach und schließen Sie die Zeichnung.

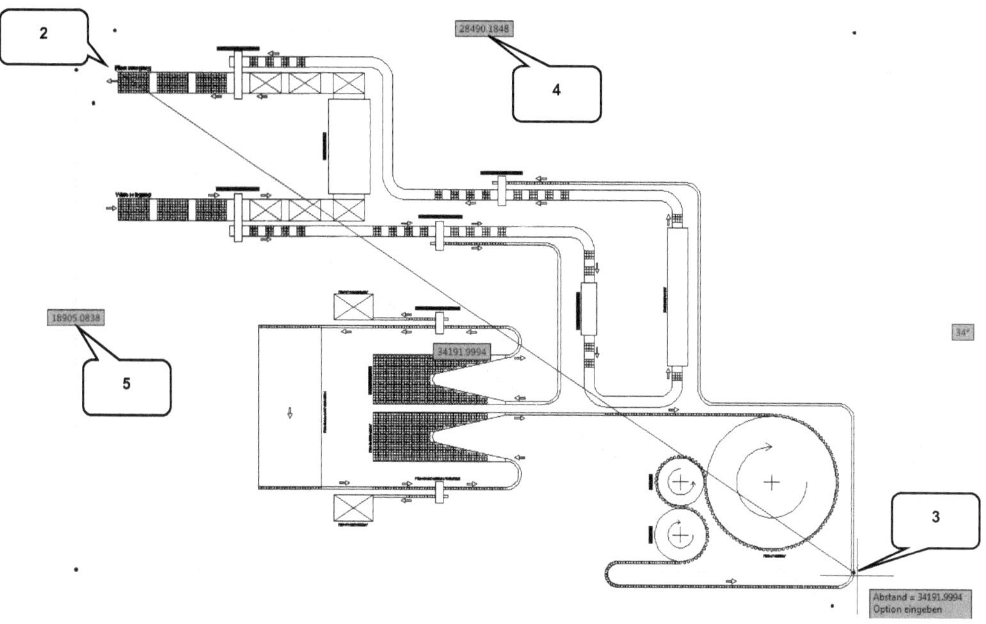

4.7 Die Produktionshalle
4.7.1 Erzeugen einer neuen Zeichnung

Starten Sie den Befehl ☐ **Neu** und wählen Sie aus den vorhandenen Vorlagen die **aca-diso.dwt** aus. 🖫 **Speichern** Sie die Zeichnung im Projektordner unter der Bezeichnung:
02_00_Fabrikhalle_mit_Außenbereich.

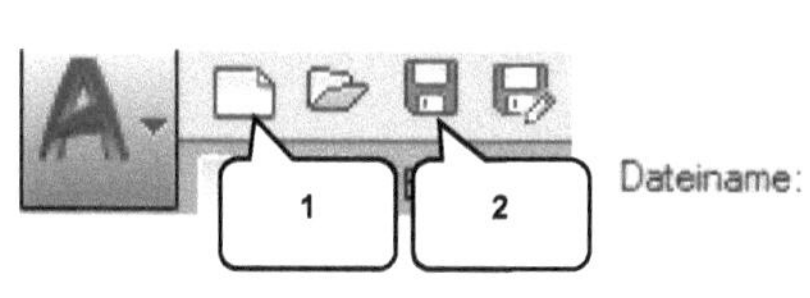

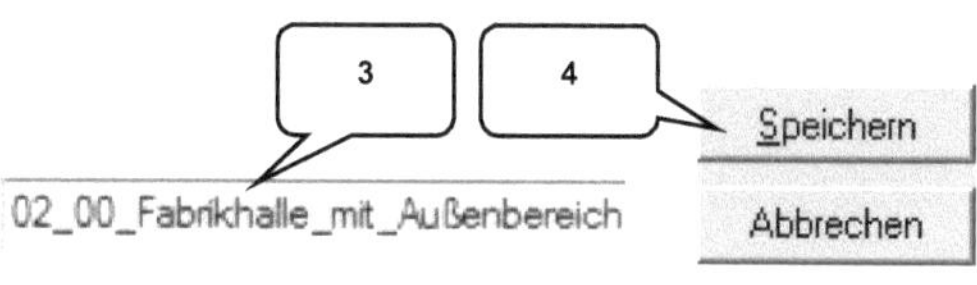

- ☐ **Neu** (1)
- Vorlage: acadiso.dwt
- Öffnen

- 🖫 **Speichern** (2)
- Dateiname:
  [02_00_Fabrikhalle_mit_Außenbereich] (3)
- Dateityp: *.dwg
- **Speichern** (4)

4.7.2 Der neue Layer: Fabrikhalle

Starten Sie den 🖼 *Layereigenschaften-Manager* und erstellen Sie einen neuen Layer *Fabrikhalle*. Er soll die folgenden Eigenschaften besitzen:

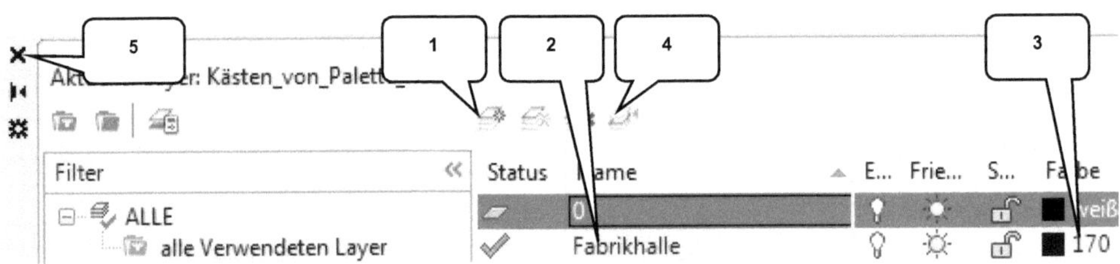

- 🖼 *Layereigenschaften-Manager*
- ✎ Neuer Layer (1)
- Name: [Fabrikhalle] (2)

- Farbe: [170] (3)
- Layer aktivieren (4)
- Fenster schließen (5)

4.7.3 Produktions- und Logistikbereiche abgrenzen

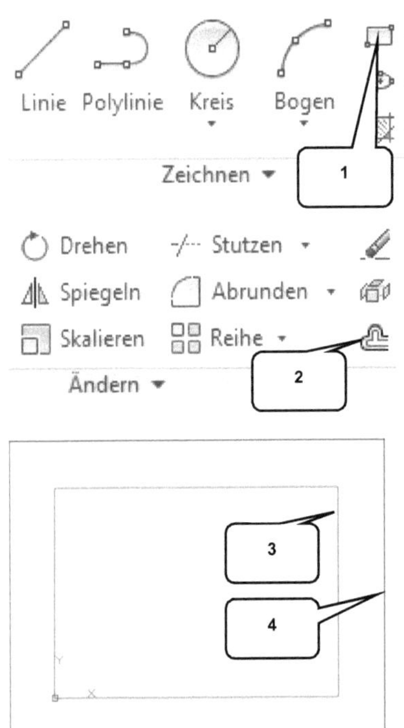

Die Produktions- und Logistikbereiche sind durch ein ▱ *Rechteck* zu symbolisieren, was anschließend mittels Befehl ⊑ *Versetzen* zu kopieren ist.

- ▱ *Rechteck* (1)
- Erster Punkt: [0] > *Taste: TAB* > [0]
- *Taste: ENTER*
- Zweiter Punkt:
  [31000] > *Taste: TAB* > [22000]
- *Taste: ENTER*

- ⊑ *Versetzen* (2)
- Abstand: [5000] eingeben
- *Taste: ENTER*
- Rechteck wählen (3)
- Auf einen beliebigen Punkt außerhalb des Rechtecks klicken (4)
- *Taste: ESC*

4.7.4 Wareneingang, Warenausgang und Sozialtrakt abgrenzen

Rechts und links neben den Produktions- und Logistikbereichen sind weitere Bereiche für den Wareneingang, den Warenausgang und den Sozialtrakt einzuplanen. Auch sie sind durch einfache ⬜ **Rechtecke** symbolisch darzustellen.

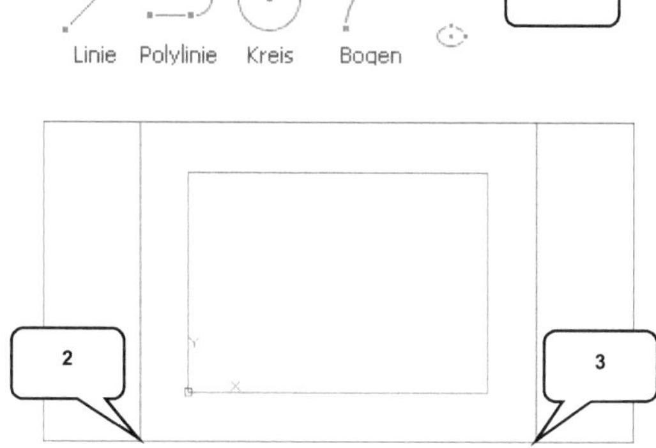

- ⬜ **_Rechteck_** (1)
- Startpunkt: Punkt (2) wählen
- Endpunkt: [-10000] > **Taste: TAB** > [32000] > **Taste: ENTER**

- ⬜ **_Rechteck_** (1)
- Startpunkt: Punkt (3) wählen
- Endpunkt: [10000] > **Taste: TAB** > [32000] > **Taste: ENTER**

4.7.5 Die Hallenpfeiler zeichnen und rechteckig anordnen

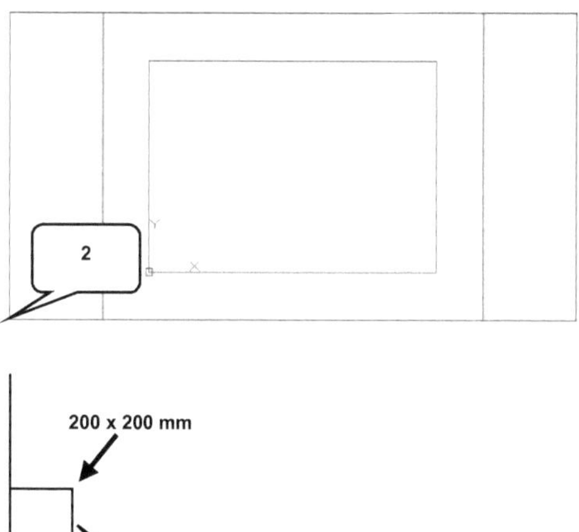

Zur Wand- und Deckenkonstruktion ist ein erster Träger (Hallenpfeiler) zu zeichnen, der ebenfalls durch ein ⬜ **Rechteck** darzustellen ist. Er kann anschließend mit dem Befehl ⣿ **Reihe** vervielfältigt werden

- ⬜ **_Rechteck_** (1)
- Erster Punkt: Eckpunkt (2) wählen
- Endpunkt: [200] > **Taste: TAB** > [200] > **Taste: ENTER**

5
Spalten: 5
Zwischen: 15200
Insgesamt: 60800
Spalten
Zeilen: 3
Zwischen: 15900
Insgesamt: 31800
Reihen
Ebenen: 1
Zwischen: 1
Insgesamt: 1
Ebenen
Assoziativ
Eigensc

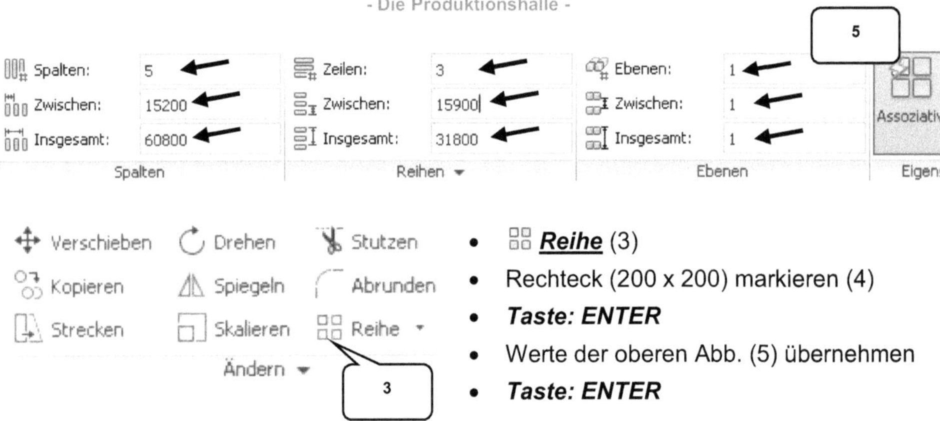

Verschieben
Drehen
Stutzen
Kopieren
Spiegeln
Abrunden
Strecken
Skalieren
Reihe
Ändern
3

- ***Reihe*** (3)
- Rechteck (200 x 200) markieren (4)
- ***Taste: ENTER***
- Werte der oberen Abb. (5) übernehmen
- ***Taste: ENTER***

4.7.6 Kennzeichnen der Hallenpfeilerstrukturen

Die Hallenpfeiler müssen durch zusätzliche Hilfslinien gekennzeichnet werden, wobei die jeweiligen Rechtecke paarweise in horizontaler und vertikaler Richtung miteinander zu verbinden sind. Die Linien sind diesmal als gestrichelte Linie zu zeichnen.

2
3
4
2
3

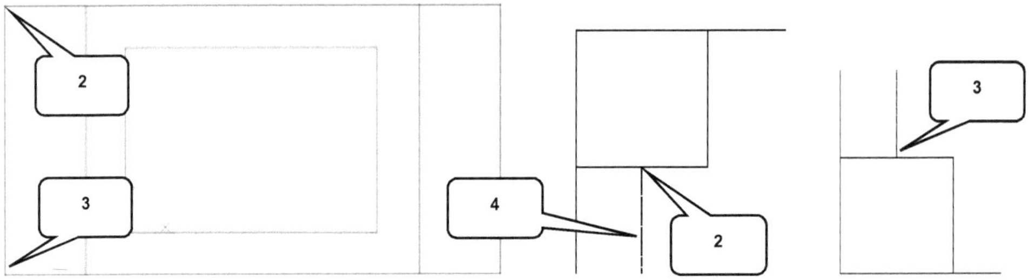

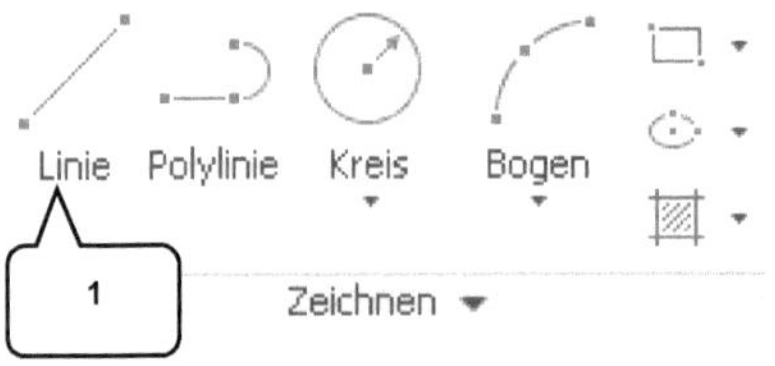

Linie
Polylinie
Kreis
Bogen
1
Zeichnen

Gelb
VONLAYER
ACAD_ISO02W1...
Eigenschaften
5

- ***Linie*** (1)
- Linienmittelpunkt (2) wählen
- Linienmittelpunkt (3) wählen
- ***Taste: ESC***
- Linie markieren (4)
- ***Linientyp*** (5)
- Option: Sonstige
- Laden... Laden
- ISO Strichlinie _ _ _ _ _ _ _ _
- OK
- ISO Strichlinie _ _ _ _ _ _ _ _
- OK

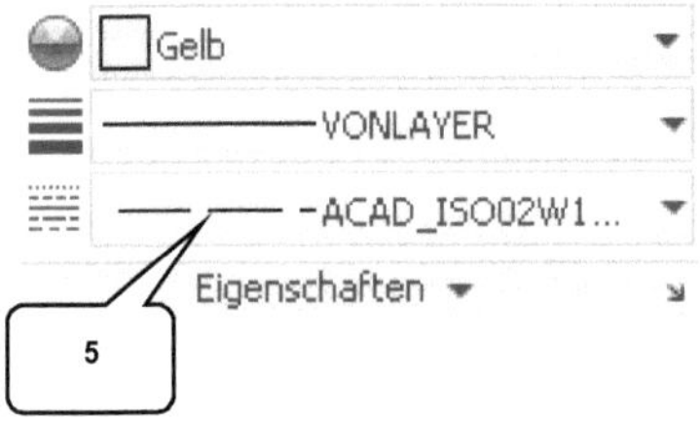

Im nächsten Schritt sind auch alle anderen Hallenpfeilerpaare (in vertikaler und in horizontaler Richtung) durch Linien zu verbinden (Linientyp *ISO Strichlinie*).

4.7.7   Zeichnen der Wände

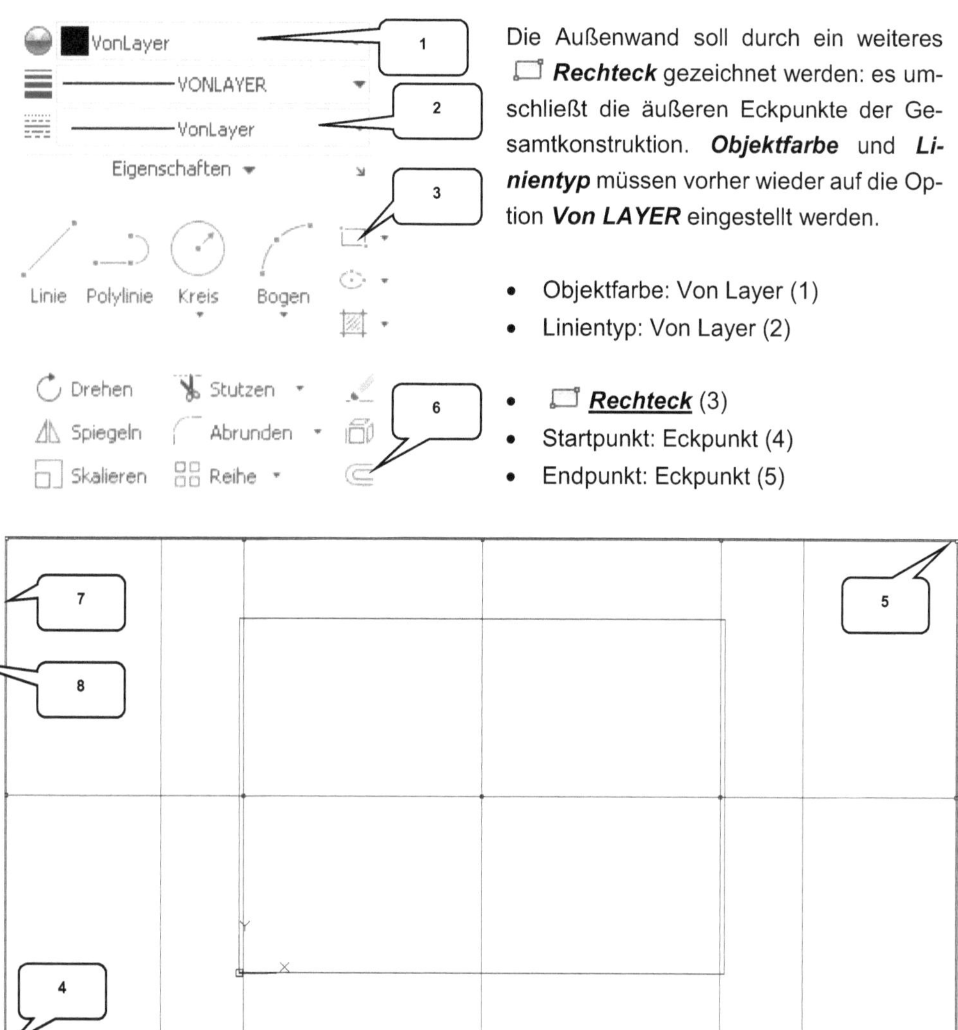

Die Außenwand soll durch ein weiteres ⬜ *Rechteck* gezeichnet werden: es umschließt die äußeren Eckpunkte der Gesamtkonstruktion. *Objektfarbe* und *Linientyp* müssen vorher wieder auf die Option *Von LAYER* eingestellt werden.

- Objektfarbe: Von Layer (1)
- Linientyp: Von Layer (2)

- ⬜ *Rechteck* (3)
- Startpunkt: Eckpunkt (4)
- Endpunkt: Eckpunkt (5)

Das zuletzt gezeichnete Rechteck ist noch um 100 mm nach außen zu ⊂ *versetzen*, um danach weitere ⬜ *Rechtecke* für den Sozialtrakt zeichnen zu können.

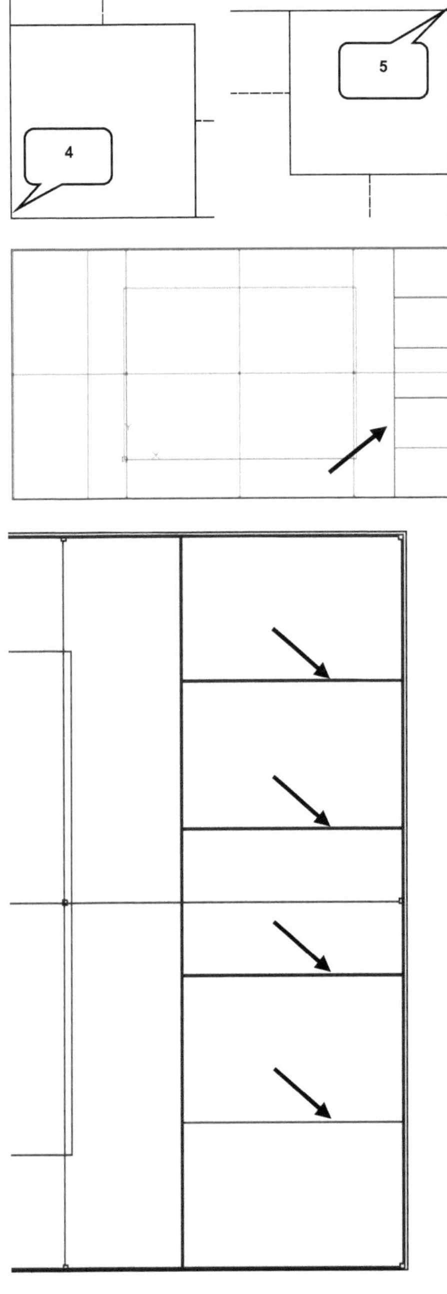

- ⊑ _**Versetzen**_ (6)
- Abstand: [100] eingeben
- *Taste: ENTER*

- Neues Rechteck wählen (7)
- Auf beliebigen Punkt außerhalb der gezeichneten Kontur klicken (8)
- *Taste: ESC*

- ▭ _**Rechteck**_ (3)
- Erster Punkt: [36000] > Tab > [-5000]
- *Taste: ENTER*
- Zweiter Punkt: [50] > *Taste: TAB* > [32000] > *Taste: ENTER*

- ▭ _**Rechteck**_ (3)
- Erster Punkt: [36050] > *Taste: TAB* > [1360] >*Taste: ENTER*
- Zweiter Punkt: [9950] > *Taste: TAB* > [50] > *Taste: ENTER*

- ▭ _**Rechteck**_ (3)
- Erster Punkt: [36050] > *Taste: TAB* > [7770] > *Taste: ENTER*
- Zweiter Punkt: [9950] > *Taste: TAB* > [50] > *Taste: ENTER*

- ▭ _**Rechteck**_ (3)
- Erster Punkt: [36050] > *Taste: TAB* > [14180] > *Taste: ENTER*
- Zweiter Punkt: [9950] > *Taste: TAB* > [50] > *Taste: ENTER*

- ⬜ **_Rechteck_** (3)
- Erster Punkt: [36050] > **_Taste: TAB_** > [20590] > **_Taste: ENTER_**
- Zweiter Punkt: [9950] > **_Taste: TAB_** > [50] >**_Taste: ENTER_**

Der Layer **_Fabrikhalle_** ist zu sperren. Er soll bei den folgenden Arbeiten an der Zeichnung nicht unbeabsichtigt verändert werden. Erweitern Sie dafür die Befehlsgruppe **_Layer_** (9) und klicken Sie in der Zeile **_Fabrikhalle_** auf das **_Schlosssymbol_** (10).

4.7.8 Der neue Layer: Regalsysteme

Starten Sie den 🔲 **_Layereigenschaften-Manager_** und erstellen Sie den neuen Layer **_Regalsysteme_**. DIeser soll die folgenden Eigenschaften besitzen:

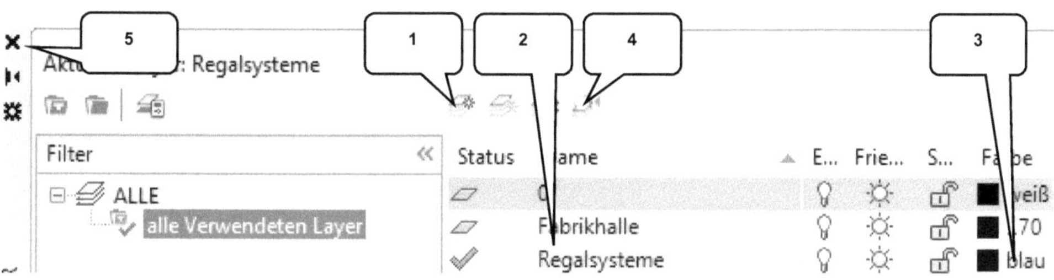

- 🔲 **_Layereigenschaften-Manager_**
- ✏️ Neuer Layer (1)
- Name: [Regalsysteme] (2)

- Farbe: [Blau] (3)
- Layer aktivieren (4)
- Fenster schließen (5)

4.7.9 Zeichnen der Regale mit einer Polylinie

Im folgenden Kapitel sollen parametrische Abhängigkeiten verwendet werden, wofür vorab eine möglichst schräge Kontur mit einer ⟶ **Polylinie** (außerhalb der vorhandenen Objekte) zu zeichnen ist.

- ⟶ **_Polylinie_** (1)
- Ersten Punkt frei ablegen (2)
- Zweiten Punkt frei ablegen (3)
- Dritten Punkt frei ablegen (4)
- Vierten Punkt frei ablegen (5)
- Tastatureingabe: [S]
- **_Taste: ENTER_**

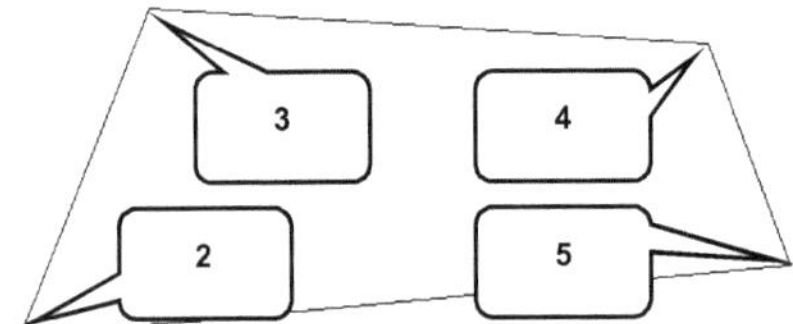

Wichtig ist, dass die Kontur mit der Tastatureingabe **_[S]_** geschlossen wurde und die Linien schräg gezeichnet wurden. Die genaue Position der Kontur im Zeichenbereich ist vorerst nicht relevant.

4.7.10 Setzen geometrischer Formabhängigkeiten

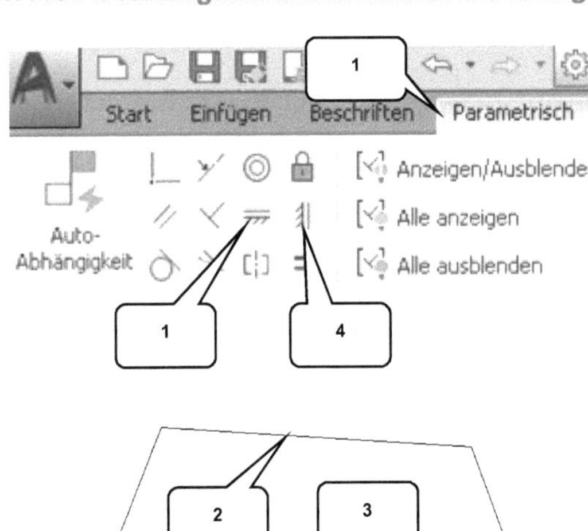

Mithilfe geometrischer Abhängigkeiten soll die schräge Kontur jetzt in Form gebracht werden, wofür das Register **_Parametrisch_** (1) zu öffnen ist.

Mit der Abhängigkeit **_Horizontal_** sind die Linien (2) und (3) parallel zur X-Achse anzuordnen. Die Abhängigkeit **_Vertikal_** soll die Linien (5) und (6) parallel zur Y-Achse ausrichten.

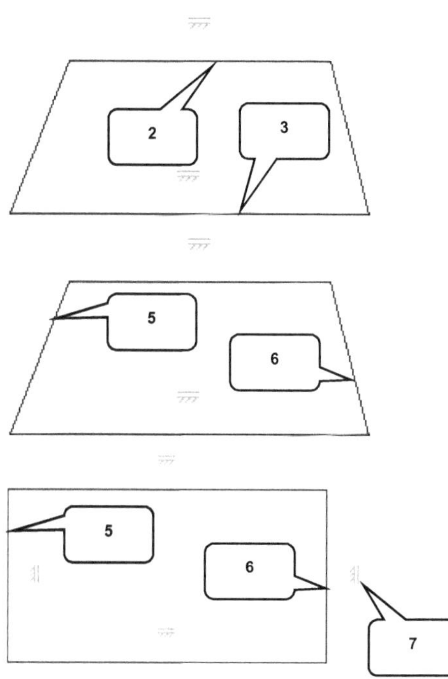

- **_Horizontal_** (1)
- Markierte Linie (2) wählen

- **_Horizontal_** (1)
- Markierte Linie (3) wählen

- **_Vertikal_** (4)
- Markierte Linie (5) wählen

- **_Vertikal_** (4)
- Markierte Linie (6) wählen

Die vier zuletzt erzeugten horizontalen und vertikalen Abhängigkeiten werden durch die entsprechenden Symbole (7) dieser Abhängigkeiten gekennzeichnet.

4.7.11 Setzen parametrischer Bemaßungsabhängigkeiten

Mit **_horizontalen_** und **_vertikalen_** (parametrischen) Bemaßungen soll das Rechteck jetzt auf die Bearbeitung im Parameter-Manager vorbereitet werden.

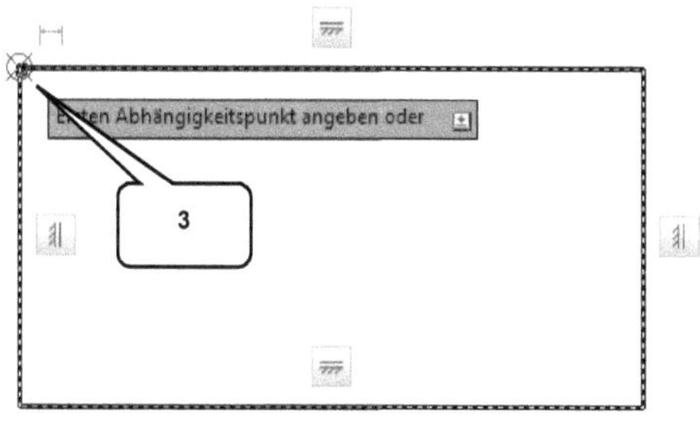

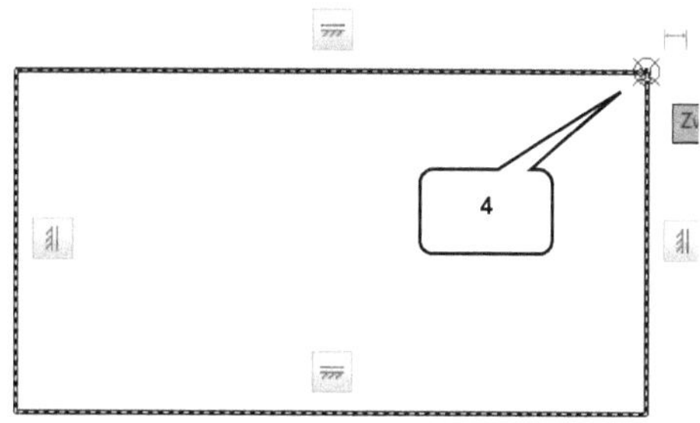

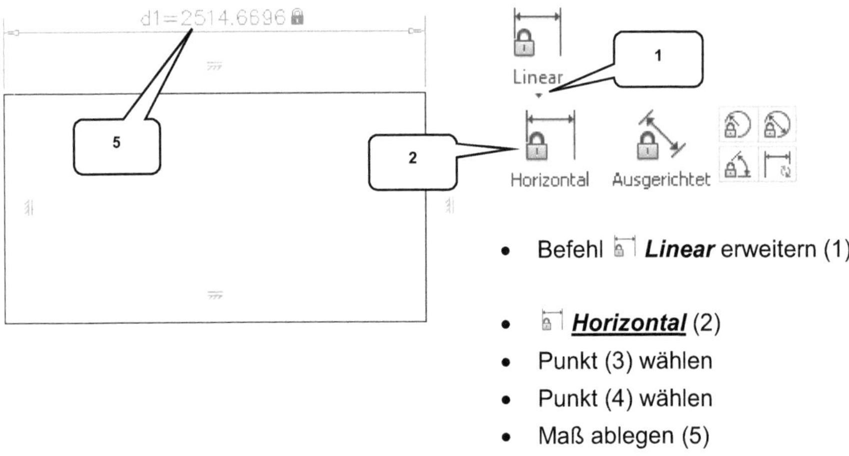

- Befehl *Linear* erweitern (1)

- *Horizontal* (2)
- Punkt (3) wählen
- Punkt (4) wählen
- Maß ablegen (5)
- *Taste: ENTER*

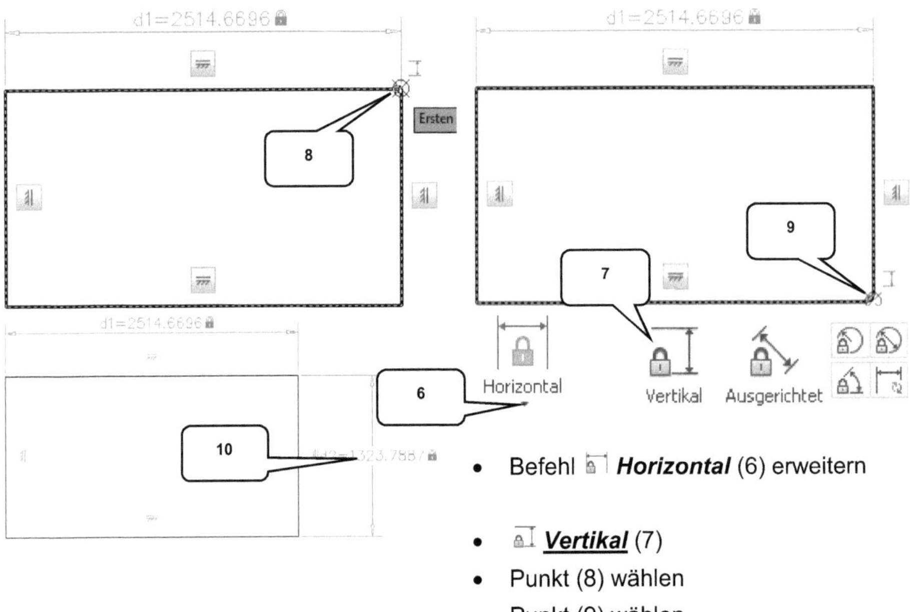

- Befehl *Horizontal* (6) erweitern

- *Vertikal* (7)
- Punkt (8) wählen
- Punkt (9) wählen
- Maß ablegen (10)
- *Taste: ENTER*

Mit dem Befehl *Kopieren* im Register *Start* soll das Rechteck einmal kopiert und die Kopie rechts neben dem Original abgelegt werden. Die genaue Position ist dabei vorerst nicht relevant.

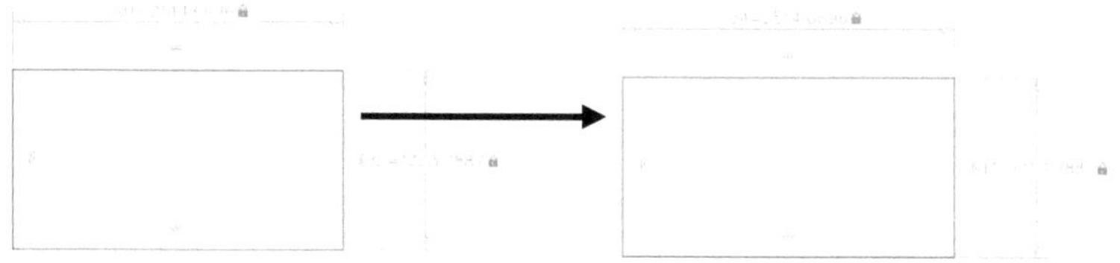

4.7.12 Bearbeiten der Maße mit dem Parameter-Manager

Die parametrischen Maße der beiden Rechtecke sollen jetzt voneinander abhängig gemacht und durch Gleichungssysteme miteinander verbunden werden. Im fx **Parameter-Manager** sind dafür die vorhandenen Werte der Spalten **Name** und **Ausdruck** zu bearbeiten[16].

- fx **Parameter-Manager** (1)
- Die Änderungen der Spalte **Name** aus der folgenden Abbildung übernehmen:

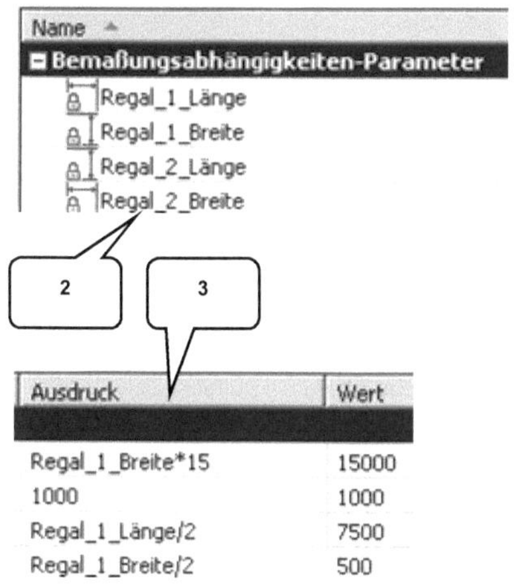

Änderungen in der Spalte **Name** (2):

- [Regal_1_Länge]
- [Regal_1_Breite]
- [Regal_2_Länge]
- [Regal_2_Breite]

Änderungen in der Spalte **Ausdruck** (3):

- [Regal_1_Breite * 15]
- [1000]
- [Regal_1_Länge / 2]
- [Regal_1_Breite / 2]

---

[16] Dabei muss auf die Reihenfolge geachtet werden: zuerst ist die Spalte **Name** vollständig zu überarbeiten, dann erst die Spalte **Ausdruck**.

Wurden alle Eingaben übernommen, können die geometrischen Abmessungen beider Rechtecke allein über den Parameter ***Regal_1_Breite*** (4) gesteuert werden. Weitere Änderungen sind vorerst nicht nötig. Der Parameter-Manager kann anschließend **X** ***geschlossen*** und alle ⌦ ***geometrischen Abhängigkeiten*** (5) sowie ⌐ ***Bemaßungsabhängigkeiten*** (6) ausgeblendet werden.

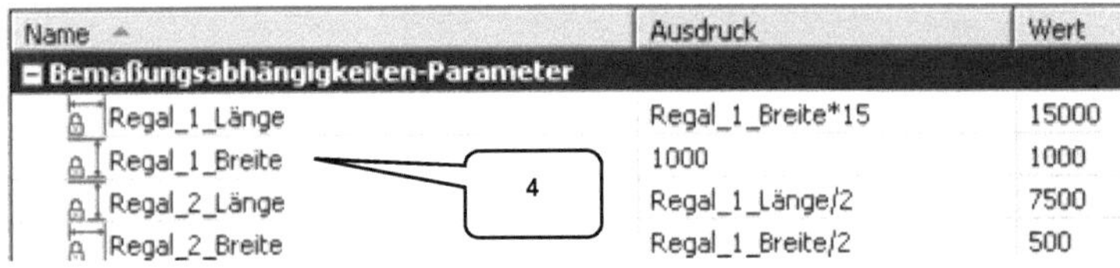

4.7.13 Regale positionieren und anordnen

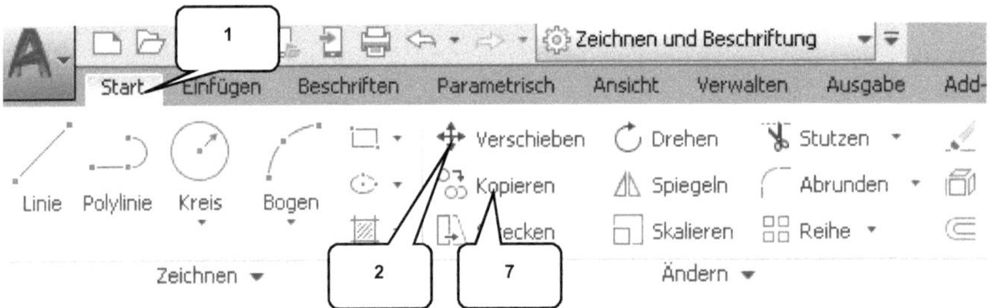

Im Register ***Start*** ist der Befehl ✛ ***Verschieben*** zu starten, um das erste Rechteck zu positionieren.

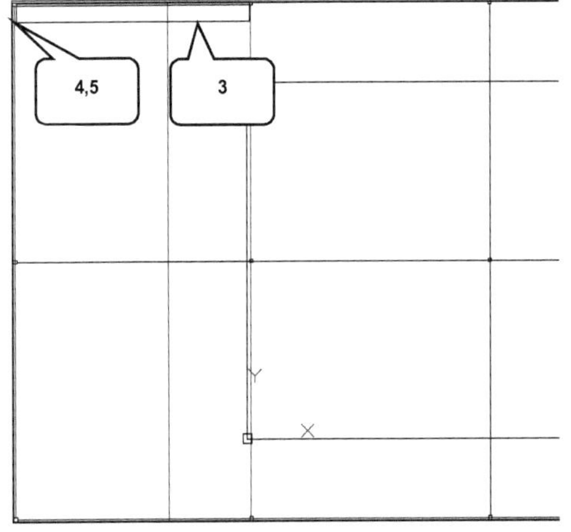

- Register ***Start*** aktivieren (1)

- ✛ ***Verschieben*** (2)
- Rechteck (1000 x 15000) wählen (3)
- ***Taste: ENTER***
- Basispunkt wählen (4)

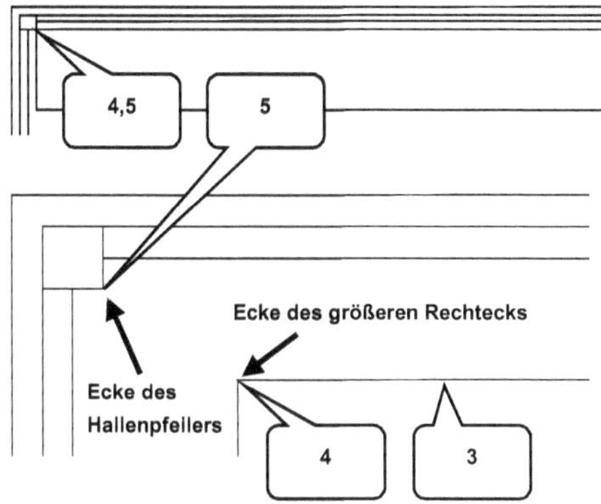

- Zielpunkt wählen[17] (5)

Mit dem Befehl ⬯ **Kopieren** sollen rechts neben dem größeren Rechteck zwei weitere Rechtecke erzeugt werden.

- ⬯ **Kopieren** (7)
- Rechteck (1000 x 15000) wählen (3)
- **Taste: ENTER**
- Startpunkt wählen (5)
- Maus waagerecht nach rechts ziehen
- Wert: [15200] > **Taste: ENTER**
- Wert: [30400] > **Taste: ENTER**
- **Taste: ESC**

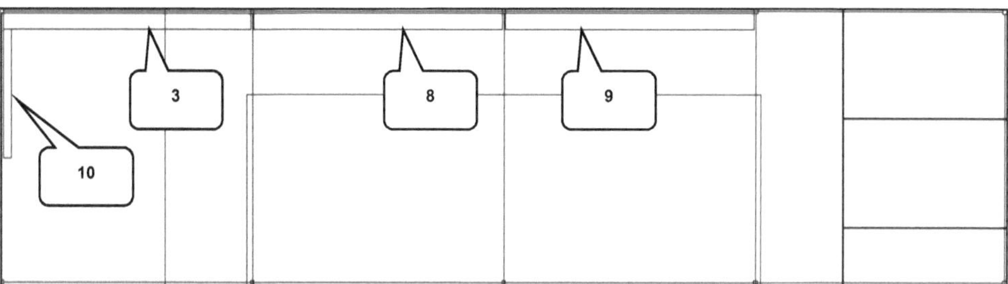

Die beiden neuen Rechtecke sollten wie in der oberen Abbildung dargestellt angeordnet worden sein (8, 9). Das Rechteck (10) kann jetzt am Rechteck (3) befestigt werden.

---

[17] Sollte das Rechteck anders als dargestellt liegen, muss es eventuell um 90 Grad ⟳ **gedreht** (6) werden, wobei die Option **Abhängigkeit abschwächen** zu verwenden ist.

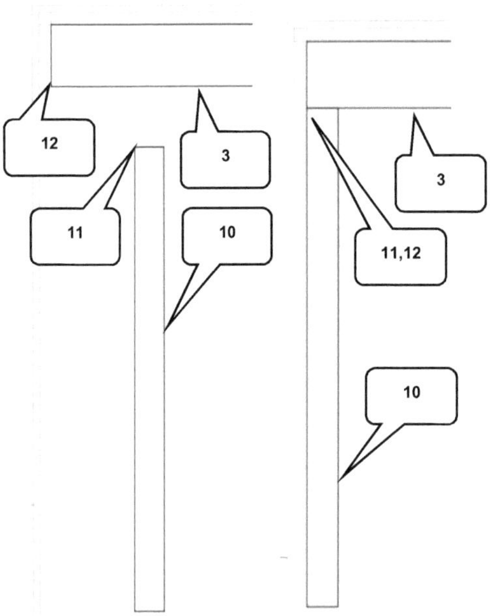

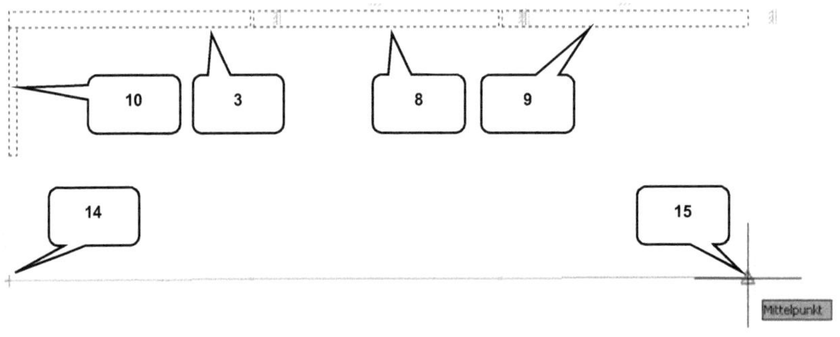

- **⊹ _Verschieben_** (2)
- Rechteck (500 x 7500) wählen (10)
- **_Taste: ENTER_**
- Basispunkt wählen (11)
- Zielpunkt wählen (12)

Mit dem Befehl ⚖ **_Spiegeln_** sollen die vier zuletzt erzeugten Rechtecke ebenfalls auf die untere Hallenseite kopiert werden.

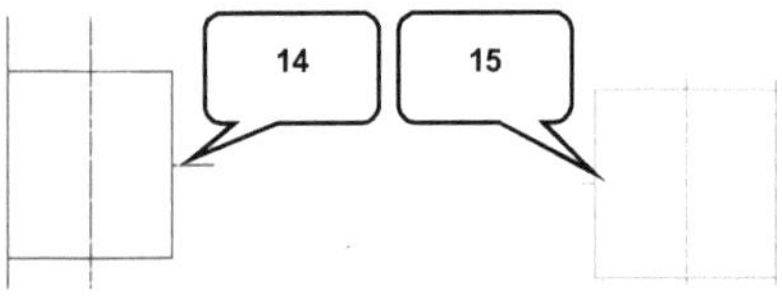

- ⚖ **_Spiegeln_** (13)
- Nacheinander die Rechtecke (3, 8, 9 und 10) wählen
- **_Taste: ENTER_**
- Markierten Punkt wählen (14)
- Markierten Punkt wählen (15)[18]
- Quellobjekt löschen? [N]
- **_Taste: ENTER_**

---

[18] Die Spiegelachse zwischen den Punkten (14) und (15) ist die horizontale Verbindungslinie der beiden mittleren Hallenpfeiler.

4.8 Der Außenbereich
4.8.1 Der neue Layer: Außenbereich

Im 🗐 *Layereigenschaften-Manager* ist der neue Layer *Außenbereich* zu erstellen.

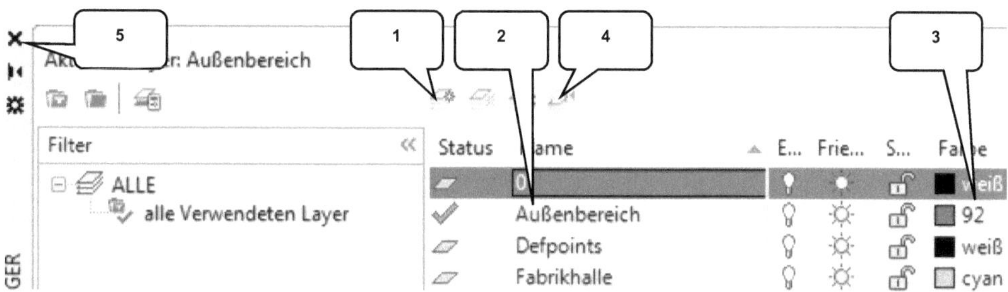

- 🗐 *Layereigenschaften-Manager*
- ✎ Neuer Layer (1)
- Name: [Außenbereich] (2)

- Farbe: [92] (3)
- Layer aktivieren (4)
- Fenster schließen (5)

4.8.2 Der LKW-Anlieferbereich

Der Bereich für alle Waren die mit dem LKW angeliefert werden soll mit einer ⌐ *Polylinie* gezeichnet werden.

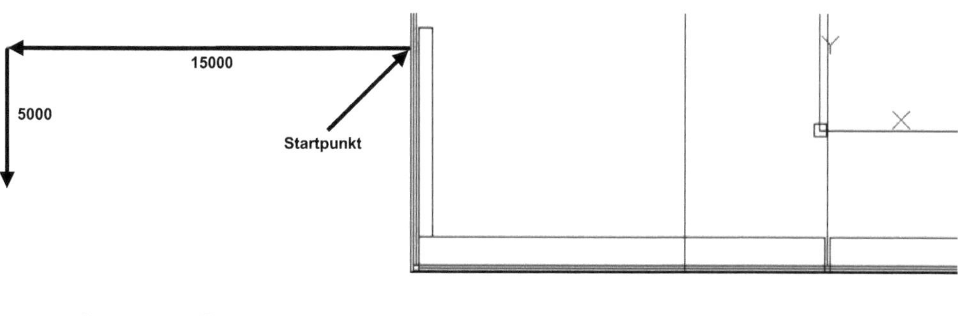

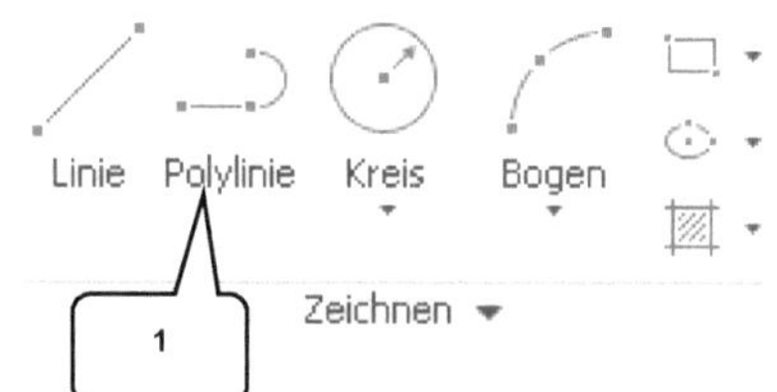

- ⌐ *Polylinie* (1)
- Startpunkt: [-15100] > *Taste: TAB* > [2950] > *Taste: ENTER*
- Linie 15000 mm nach links zeichnen
- Linie 5000 mm nach unten zeichnen
- *Taste: ESC*

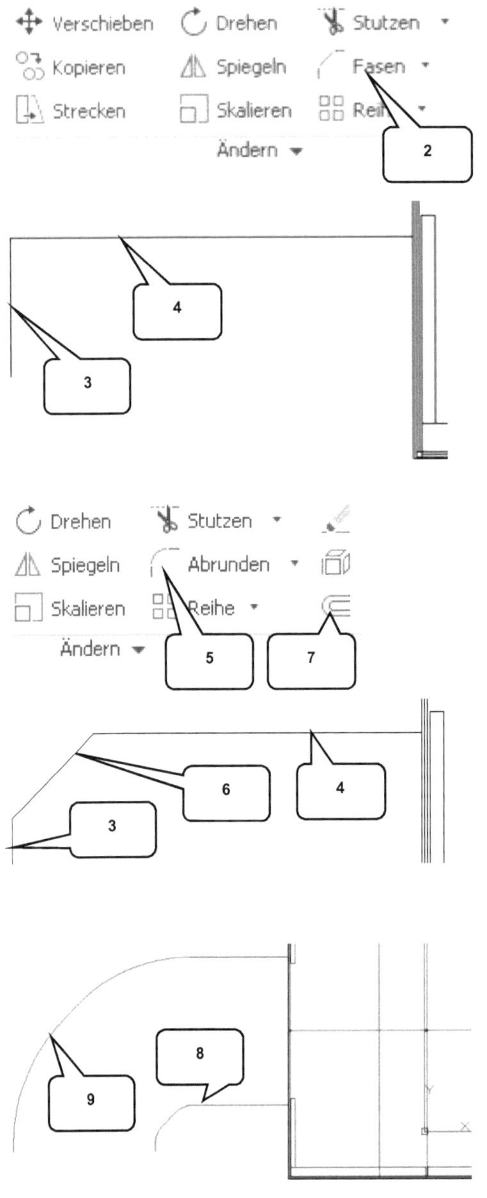

Die Ecke der Polylinie ist mit einer *Fase* zu versehen (der Befehl befindet sich im Auswahlmenü des Befehls *Abrunden*).

- Befehl *Abrunden* erweitern
- *Fasen* (2)
- Option: [Abstand]
- *Taste: ENTER*
- Abstand 1: [3000] eingeben
- *Taste: ENTER*
- Abstand 2: [3000] eingeben
- *Taste: ENTER*
- Erstes Liniensegment wählen (3)
- Zweite Linie wählen (4)

Die beiden neu entstandenen Ecken sind jetzt zu *runden*, die Polylinie ist danach zu *versetzen*.

- Befehl *Fasen* erweitern
- *Abrunden* (5)
- Option: [Radius]
- *Taste: ENTER*
- [2000]
- *Taste: ENTER*
- Option: [Mehrere]
- *Taste: ENTER*
- Erste Linie wählen (3)
- Zweite Linie wählen (6)
- Zweite Linie wählen (6)
- Dritte Linie wählen (4)
- *Taste: ESC*

- <u>*Versetzen*</u> (7)
- Abstand: [16100]
- *Taste: ENTER*

- Zu versetzendes Objekt wählen (8)
- Auf beliebigen Punkt im Bereich (9) klicken
- *Taste: ESC*

4.8.3 Die PKW-Parkplätze

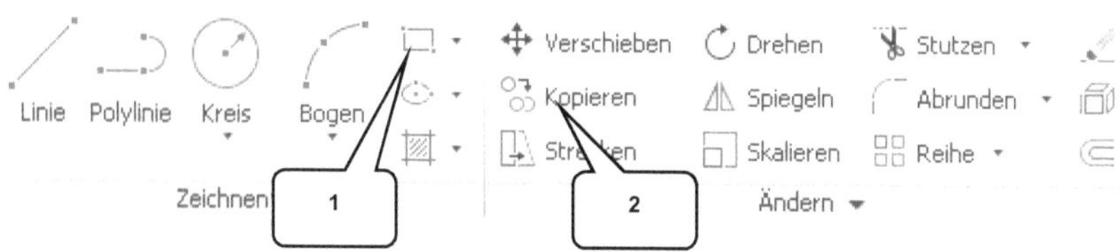

Weitere Parkplätze, z. B . für Besucher-PKWs, sollen rechts neben der Fabrikhalle entstehen. Zeichnen Sie dafür ein ▭ *Rechteck* und ⬚ *kopieren* Sie es einmal.

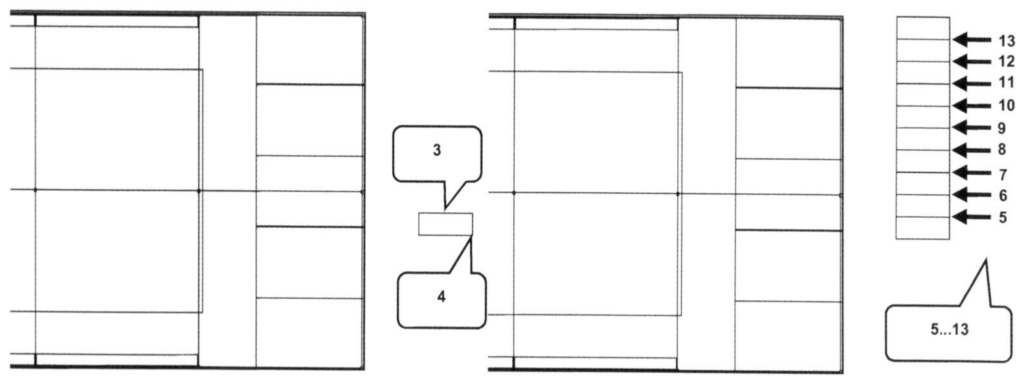

- ▭ *Rechteck* (1)
- Erster Punkt: [51100] >
  Taste: TAB > [7100]
- *Taste: ENTER*
- Zweiter Punkt: [5000] >
  Taste: TAB > [2000]
- *Taste: ENTER*

- ⬚ *Kopieren* (2)
- Rechteck wählen (3)
- *Taste: ENTER*
- Basispunkt wählen (4)
- Nacheinander die Zielpunkte (5) bis (13) anklicken
- *Taste: ESC*

Zwei ⌐ *Polylinien* stellen die Abgrenzung des Parkbereichs dar. Sie sind zu zeichnen und anschließend abzurunden.

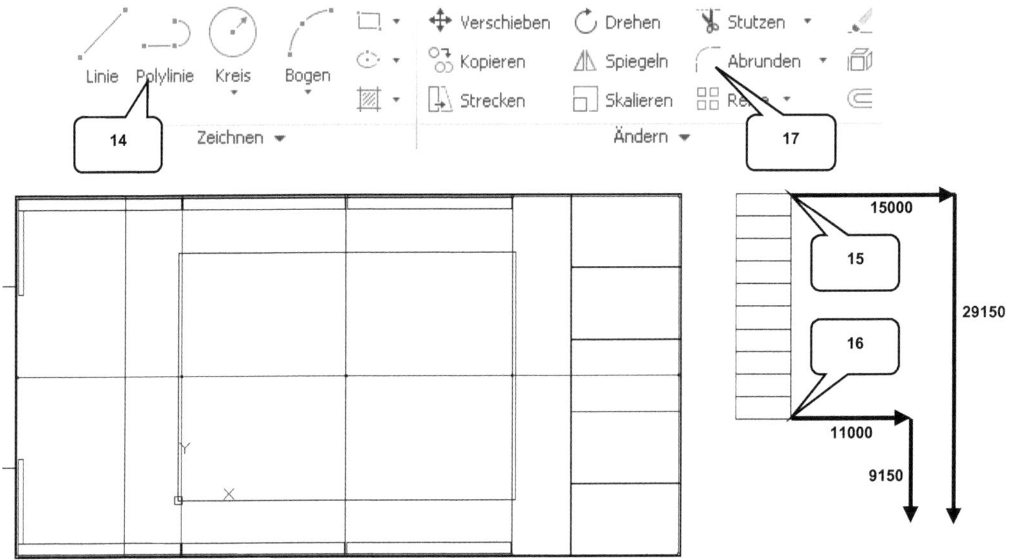

-   **_Polylinie_** (14)
- Startpunkt: Punkt (15) wählen
- **_Taste: ENTER_**
- Linie 15000 mm nach rechts zeichnen
- Linie 29150 mm nach unten zeichnen
- **_Taste: ESC_**

-   **_Polylinie_** (14)
- Startpunkt: Punkt (16) wählen
- **_Taste: ENTER_**
- Linie 11000 mm nach rechts zeichnen
- Linie 9150 mm nach unten zeichnen
- **_Taste: ESC_**

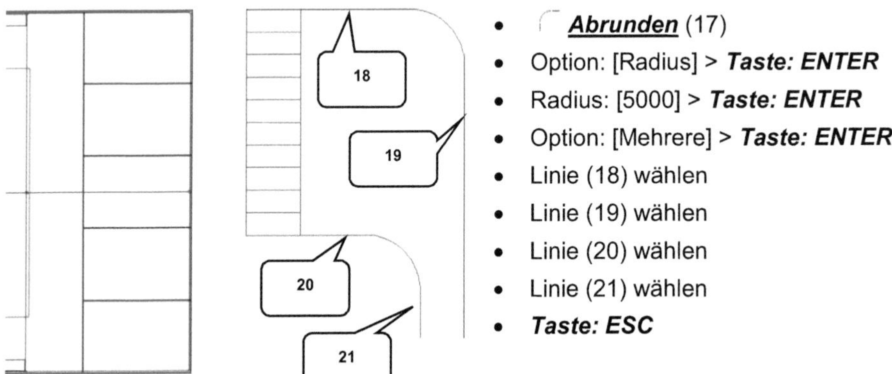

-   **_Abrunden_** (17)
- Option: [Radius] > **_Taste: ENTER_**
- Radius: [5000] > **_Taste: ENTER_**
- Option: [Mehrere] > **_Taste: ENTER_**
- Linie (18) wählen
- Linie (19) wählen
- Linie (20) wählen
- Linie (21) wählen
- **_Taste: ESC_**

Einige der Linien müssen jetzt aus den Rechtecken **_gestutzt_** werden.

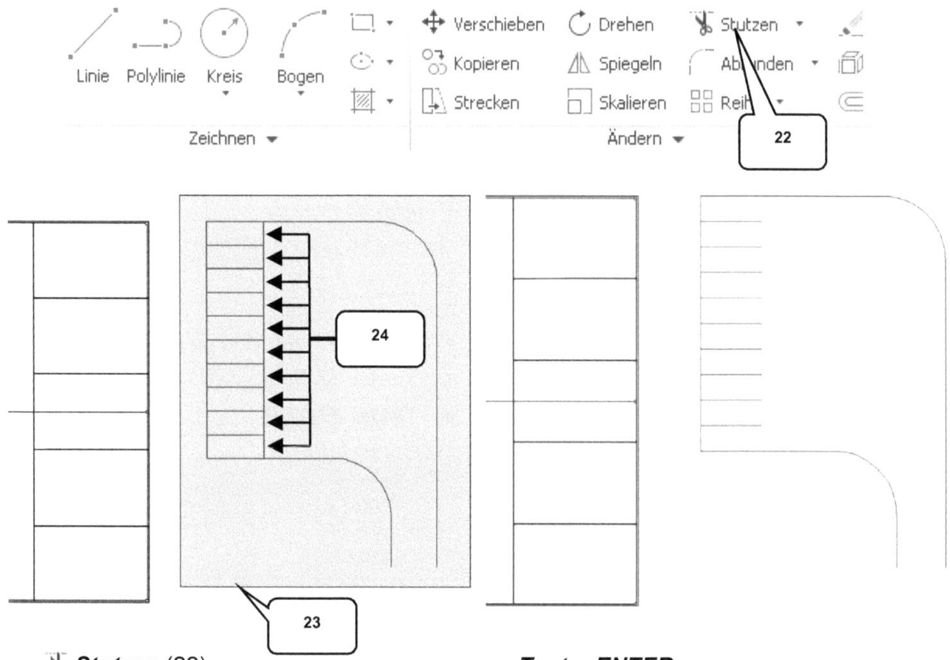

- ✂ ***Stutzen*** (22)
- Bei gedrückter linker Maustaste einen Rahmen[19] über den gesamten PKW-Parkbereich aufziehen um alle Linien zu markieren (23)

- ***Taste: ENTER***
- Nacheinander die 10 markierten Linien anklicken (24)
- ***Taste: ESC***

4.8.4   Die Hauptstraße

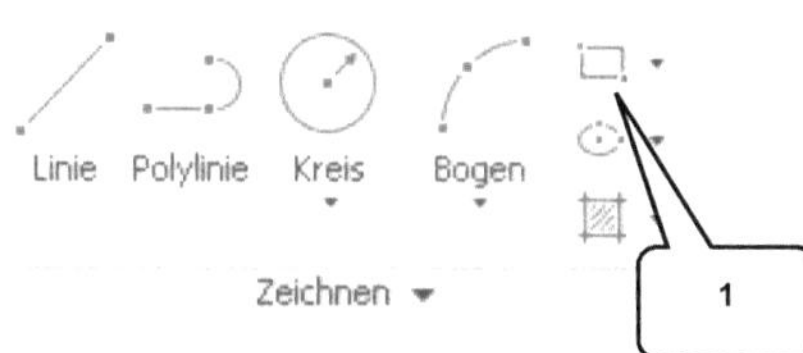

Eine ***Straße*** soll auf dem Fabrikgelände den LKW-Anlieferbereich und den PKW-Parkplatz miteinander verbinden. Zeichnen Sie hierfür ein ▭ ***Rechteck*** anhand der Positionskoordinaten.

---

[19] Der Befehl ✂ ***Stutzen*** erfordert vor der Auswahl der zu stutzenden Linien eine Markierung <u>aller</u>, am Schnitt beteiligten Linien. Hierbei kann entweder jede Linie einzeln markiert werden, oder es kann bei gedrückter linker Maustaste ein Rahmen über den gesamten Bereich aufgezogen werden, um alle Linien zu markieren. Alternativ funktioniert hier auch das Markieren <u>aller</u> Objekte der Zeichnung, mit der Kombination der ***Tasten: STRG*** und ***A***.

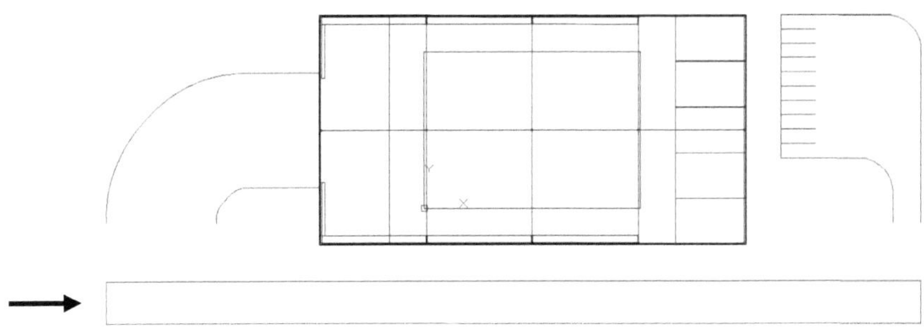

- ⬜ **_Rechteck_** (1)
- Erster Punkt: [-46200]
- **Taste: TAB** > [-16100]
- **Taste: ENTER**

- Zweiter Punkt: [117300]
- **Taste: TAB** > [6000]
- **Taste: ENTER**

4.8.5 LKW- und PKW-Bereiche mit der Hauptstraße verbinden

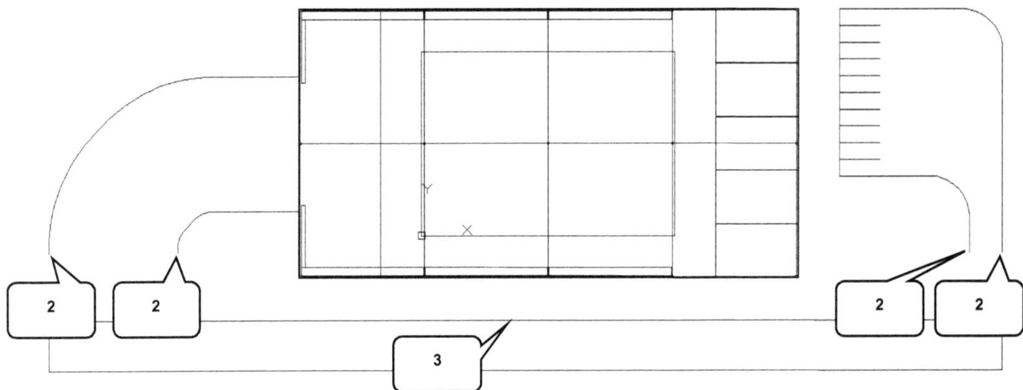

Zur Verlängerung der Liniensegmente des LKW-Anlieferbereiches bis hin zum PKW-Parkplatz, kann der Befehl ⇥ **Verlängern** verwendet werden. Er befindet sich im Auswahlmenü des Befehls ✂ **Stutzen**.

- Befehl ✂ **_Stutzen_** erweitern
- ⇥ **_Verlängern_** (1)
- Die vier Polylinien (2) und das Rechteck (3) markieren[20]
- **_Taste: ENTER_**

- Nacheinander die unteren Linienenden der vier Polylinien (2) wählen
- **_Taste: ESC_**

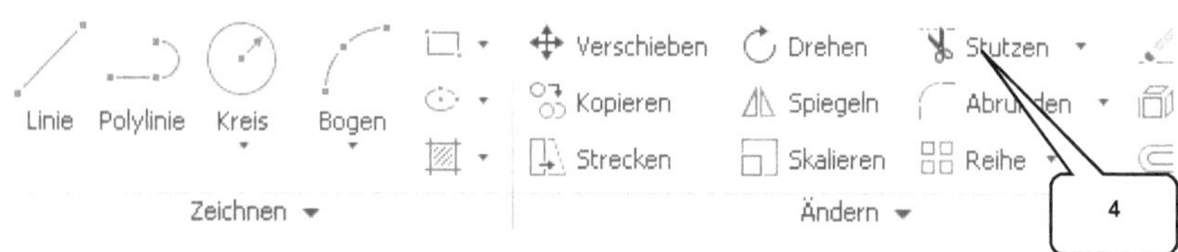

- Befehl ⇥ **_Verlängern_** erweitern
- ✂ **_Stutzen_** (4)
- Vier Polylinien (2) und das Rechteck (3) markieren
- **_Taste: ENTER_**

- Nacheinander die beiden zu stutzenden Liniensegmente (5) wählen
- **_Taste: ESC_**

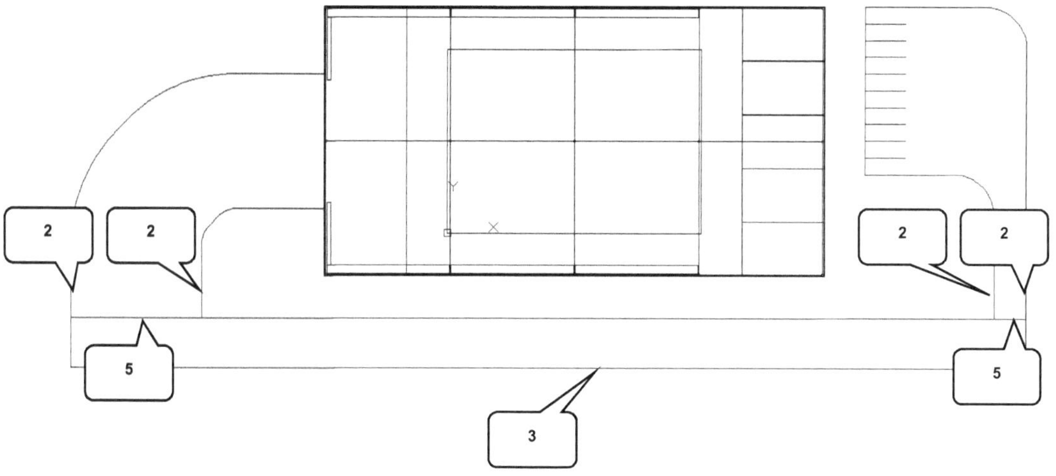

---

[20] Auch hier funktioniert alternativ das Markieren <u>aller</u> Objekte der Zeichnung, indem die Kombination der **_Tasten: STRG_** und **_A_** verwendet wird.

4.8.6 Die Wasserspeicher

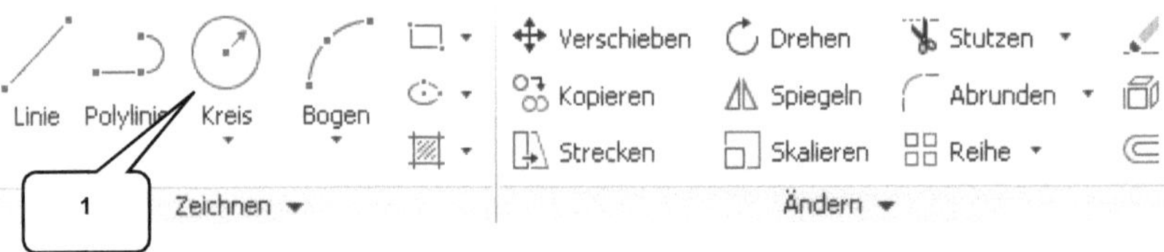

Die Produktionslinie benötigt zur Vorratsspeicherung des Quellwassers zusätzliche **Wasser-tanks**. Diese werden in der 2D-Zeichnung durch zwei ⊘ **Kreise** symbolisiert.

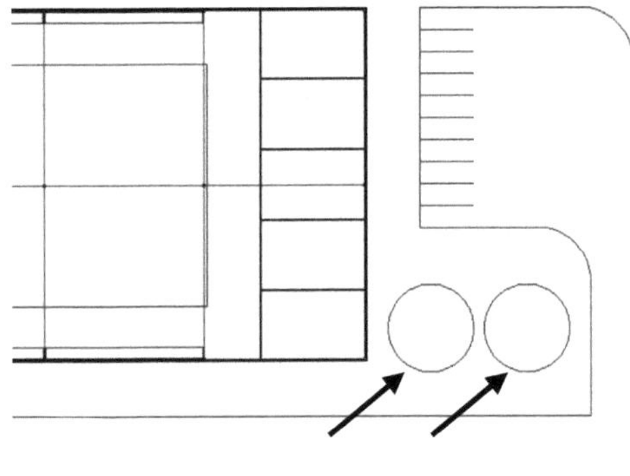

- ⊘ **_Kreis (Mittelpunkt/ Radius)_** (1)
- Mittelpunkt: [52100] > **_Taste: TAB_** > [-2100] > **_Taste: ENTER_**
- Radius: [4000] > **_Taste: ENTER_**

- ⊘ **_Kreis (Mittelpunkt/ Radius)_** (1)
- Mittelpunkt: [61100] > **_Taste: TAB_** > [-2100] > **_Taste: ENTER_**
- Radius: [4000] > **_Taste: ENTER_**

4.8.7 Bereinigen der Zeichnung

Um die Zeichnung abschließend zu bereinigen und somit von unnötigen Elementen (z. B. Blöcken, Layern, Gruppen und Stilen) zu befreien, sollen jetzt die Befehle Ⱥ **_Doppelte Objekte löschen_** und ▯ **_Bereinigen_** verwendet werden. Vorab ist allerdings der Layer Fabrikhalle zu entsperren, weil zugeordnete Objekte dieses Layers ansonsten nicht mit einbezogen werden würden.

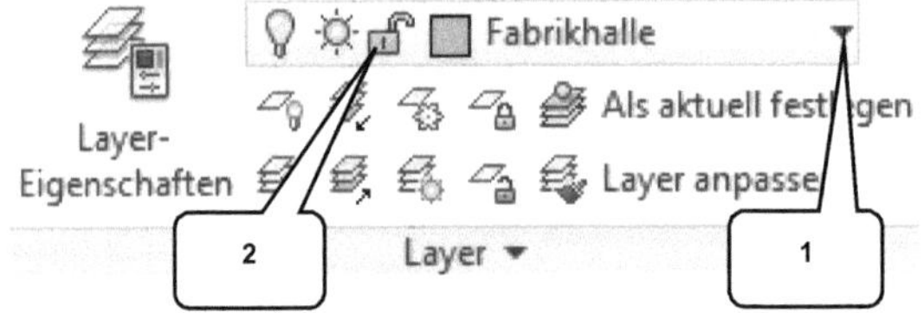

- Befehlsgruppe **_Layer_** erweitern (1)
- Layer **_Fabrikhalle_** 🔓 entsperren (2)

Sobald das **_Schloss-Symbol_** (2) dieses Layers wieder geöffnet dargestellt wird, kann mit dem Bereinigen der Datei begonnen werden.

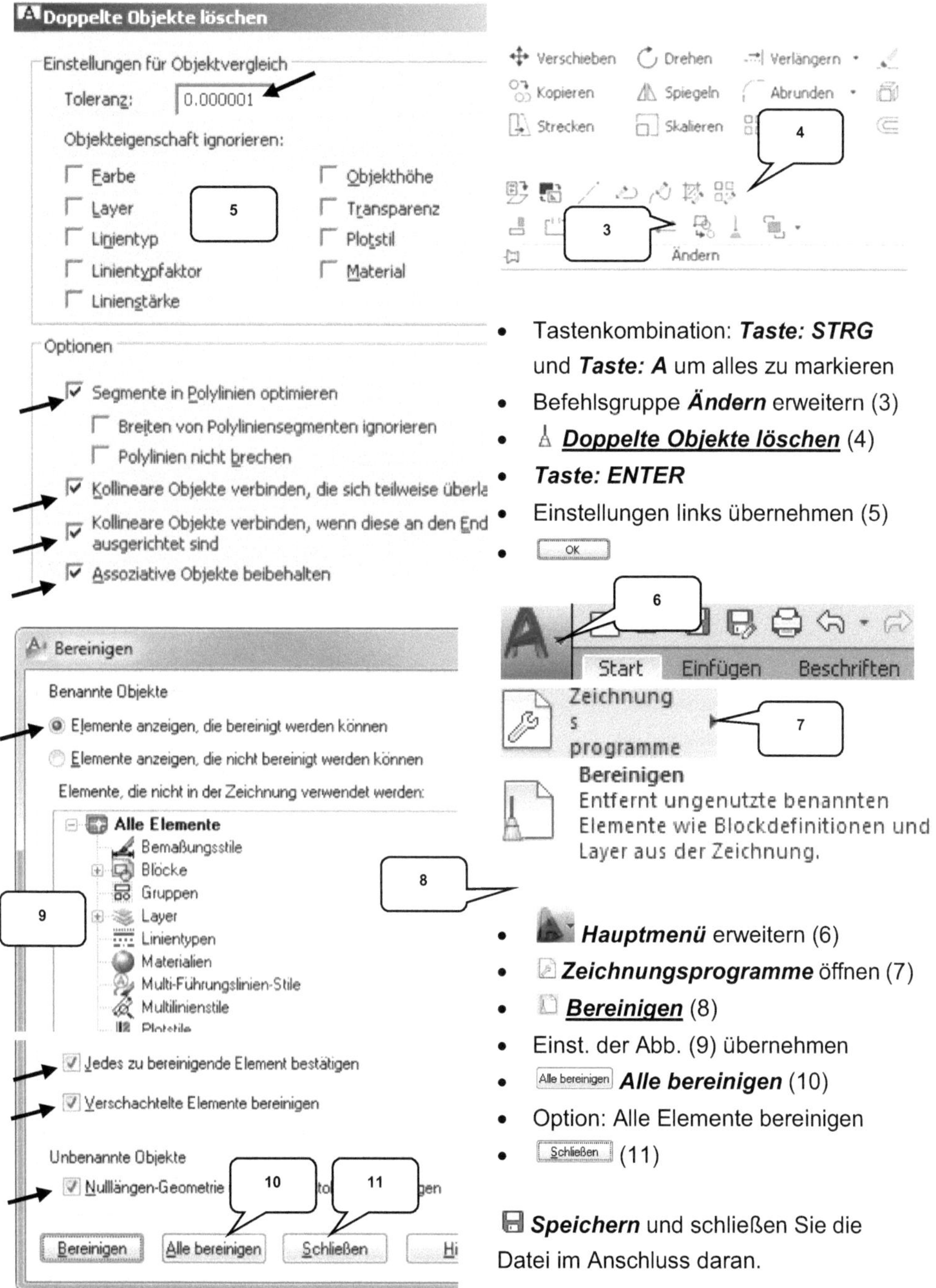

- Tastenkombination: **Taste: STRG** und **Taste: A** um alles zu markieren
- Befehlsgruppe **Ändern** erweitern (3)
- **Doppelte Objekte löschen** (4)
- **Taste: ENTER**
- Einstellungen links übernehmen (5)
- OK

- **Hauptmenü** erweitern (6)
- **Zeichnungsprogramme** öffnen (7)
- **Bereinigen** (8)
- Einst. der Abb. (9) übernehmen
- Alle bereinigen **Alle bereinigen** (10)
- Option: Alle Elemente bereinigen
- Schließen (11)

Speichern und schließen Sie die Datei im Anschluss daran.

4.9 Das gesamte Fabrikgelände
4.9.1 Erzeugen einer neuen Zeichnung

Starten Sie den Befehl ☐ *Neu* und wählen Sie aus den vorhandenen Vorlagen die *aca-diso.dwt* aus. ☐ *Speichern* Sie die Zeichnung im Projektordner unter der Bezeichnung: *00_00_Gesamt*.

- ☐ ***Neu*** (1)
- Vorlage: acadiso.dwt
- Öffnen

- ☐ ***Speichern*** (2)
- Dateiname: [00_00_Gesamt] (3)
- Dateityp: *.dwg
- ***Speichern*** (4)

4.9.2 Einfügen der Produktionslinie als Referenz

Das Einfügen von Referenzen ist dem Platzieren von Blöcken sehr ähnlich: Auch hier werden die Zeichenobjekte bereits vorhandener Zeichnungen in andere Zeichnungen eingefügt. Der Unterschied besteht darin, dass Referenzen auch nach dem Einfügen weiterhin eine Verknüpfung zur Quelldatei besitzen (im Gegensatz zu einem einfachen Block). Wird die Quelldatei einer Referenz später bearbeitet, so übertragen sich die Änderungen auch in die referenzierte Zeichnung.

In der folgenden Übung, sollen nacheinander die bereits vorhandenen Zeichnungen als Referenzen eingefügt werden, wobei der Koordinatenursprungspunkt als Referenz zu verwenden ist. Begonnen wird mit der Zeichnung *01_00_Produktionslinie.dwg*.

- Register ***Einfügen*** aktivieren (1)

- ☐ ***Zuordnen*** (2)
- Dateiname: [01_00_Produktionslinie] (3)
- Dateityp: Zeichnung (*.dwg) (4)
- Öffnen (5)
- Werte aus Abb. (6) übernehmen
- OK (7)

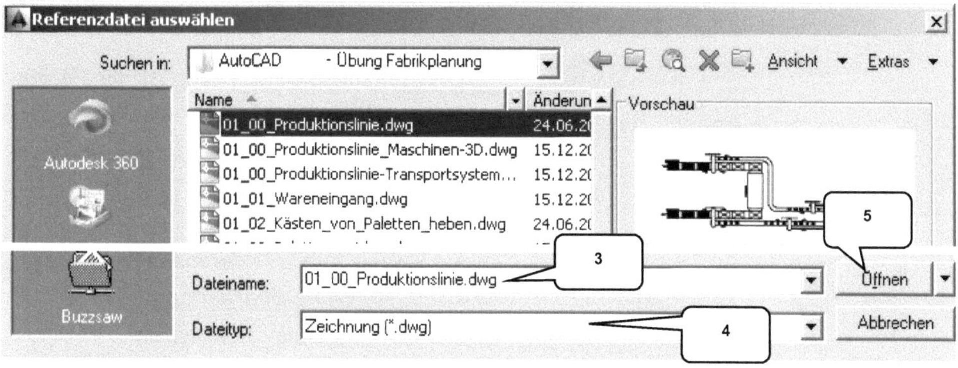

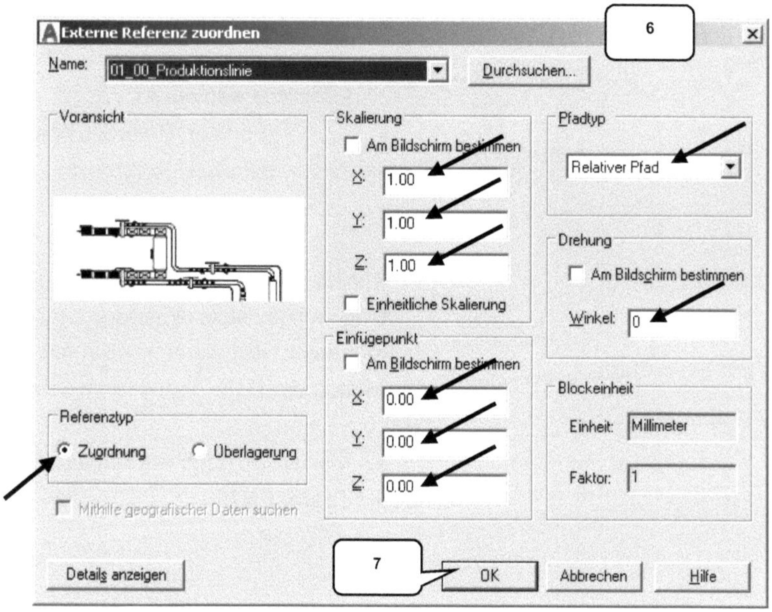

Um die Zeichnung ausrichten zu können, ist am *ViewCube* die Ansicht *OBEN* (8) zu aktivieren. Der Befehl *Zuordnen* ist dann zu wiederholen um eine weitere Datei einzubetten.

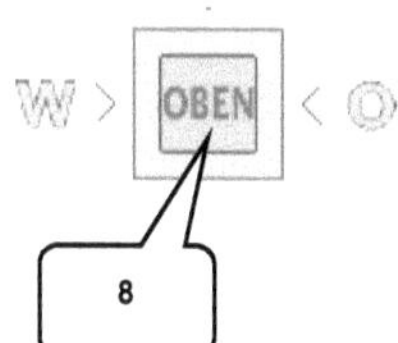

- *Zuordnen* (2)
- Dateiname: [02_00_Fabrikhalle_mit_ Außenbereich]
- Öffnen
- Werte aus Abbildung (6) übernehmen
- OK

4.9.3 Bearbeiten einer Referenz innerhalb der Gesamtzeichnung

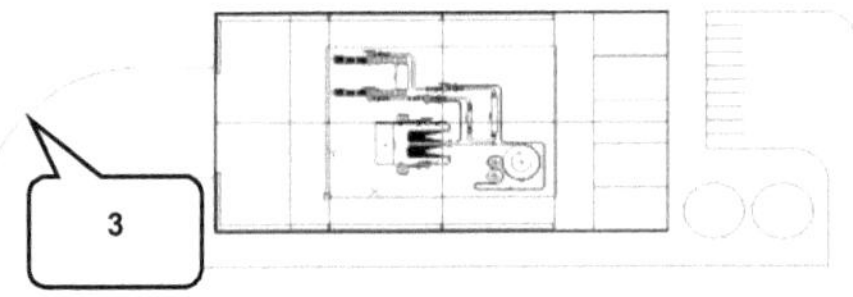

Die referenzierte Zeichnung **01_00_Fabrik-halle** soll aus der aktuellen Zeichnung heraus bearbeitet werden, d .h. ohne sie dabei öffnen zu müssen.

- Befehlsgruppe **Referenzen** erweitern (1)
- **Referenz-Bearbeitung** (2)
- Markierte Linie (3) anklicken

- Im Fenster: Referenz bearbeiten
- Aktivieren: Alle eigebetteten Objekte automatisch wählen (4)
- OK (Fenster: Referenz bearbeiten)
- OK (Hinweis: Referenzbearbeitung)
- OK (Hinweis: AutoCAD)

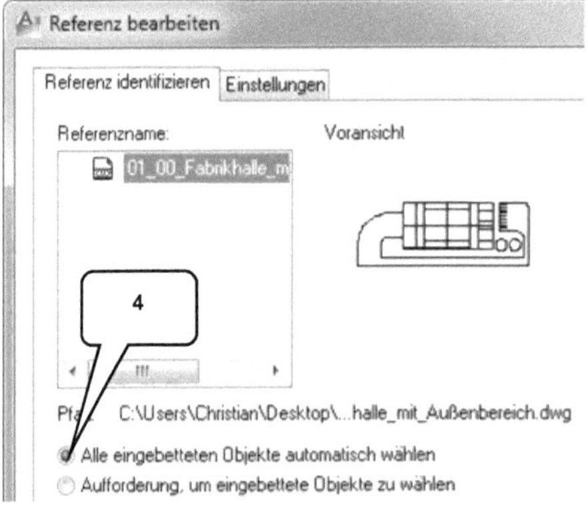

Sobald alle Objekte (außer die zur Bearbeitung ausgewählte Referenzdatei) transparent dargestellt werden, kann mit der Bearbeitung der Datei begonnen werden[21].

- Markiertes Rechteck wählen (5)
- **Taste: ENTF**

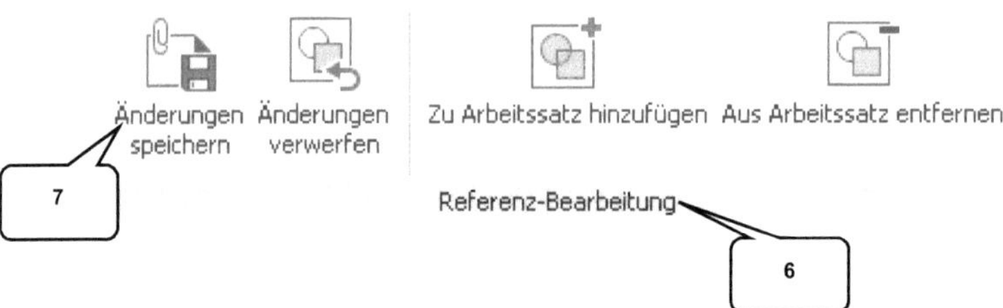

---

[21] Werden externe Referenzen innerhalb einer Gesamtzeichnung bearbeitet, so erscheint die zusätzliche Befehlsgruppe **Referenz-Bearbeitung** (6). Hier können Referenzbearbeitungen in den Referenzen gespeichert oder verworfen werden, bzw. Referenzen zur Zeichnung hinzugefügt oder wieder daraus entfernt werden.

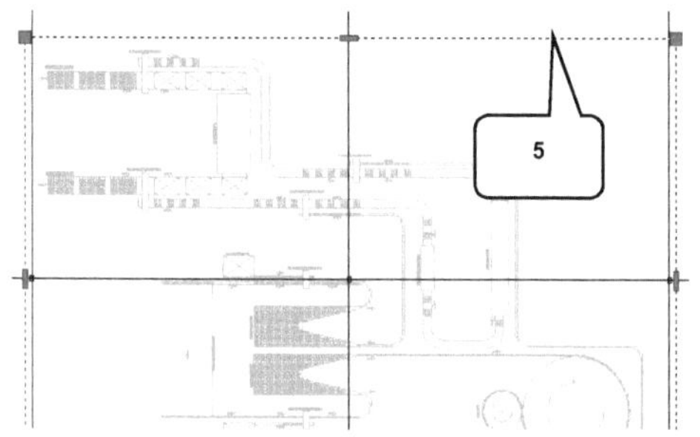

Die Änderung an der Referenz **01_00_Fabrikhalle** soll jetzt auch in der Originaldatei gespeichert werden. Hierfür muss der Befehl ⬚ **Änderungen speichern** gestartet werden.

- ⬚ **_Änderungen speichern_** (7)
- OK

4.9.4 Importieren weiterer Referenzen

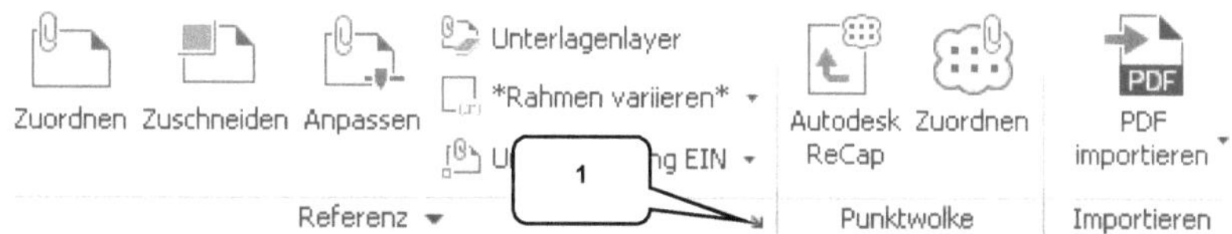

Starten Sie den **Manager für externe Referenzen**[22] (kleiner Pfeil der Befehlsgruppe **Referenz**) und aktivieren Sie die Option ⬚ **DWG zuordnen**. Wählen Sie die Zeichnung **03_00_Fuhrpark** und übernehmen Sie danach die folgenden Einstellungen:

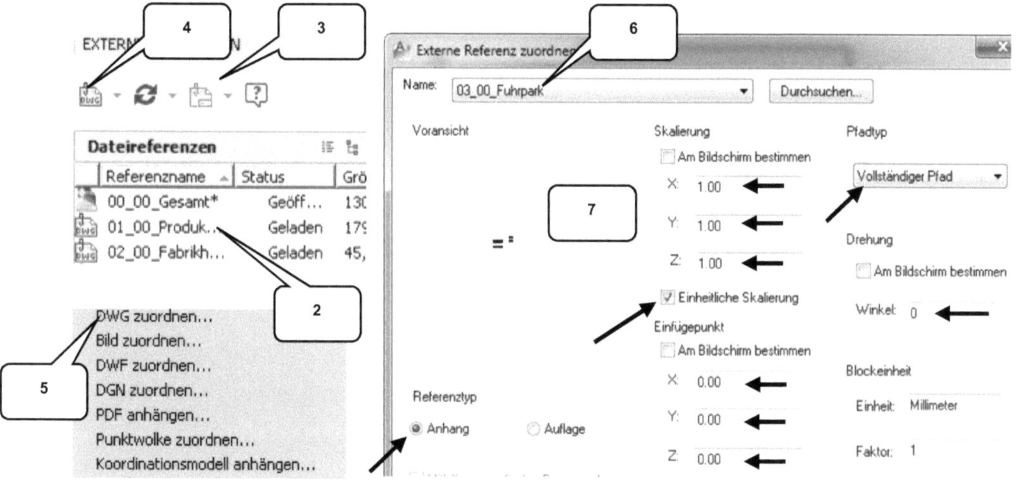

---

[22] Der **Manager für externe Referenzen** (1) kann nur gestartet werden, wenn die zuletzt bearbeitete Referenz (**01_00_Fabrikhalle**) vorher wieder ordnungsgemäß geschlossen wurde (siehe vorangegangenes Kapitel). Im Manager findet man im Bereich **Dateireferenzen** (2) eine Übersicht der bereits enthaltenen Referenzen. Weiterhin gibt es ein Befehlsbereich zur Verwaltung dieser Referenzen (3). Hier können u. a. **weitere Referenzen** (4) hinzugefügt werden, wobei in einem **Menü** (5) der entsprechende Dateityp auszuwählen ist.

- ***Externe Referenzen*** (1)
- Referenz hinzufügen (4)
- DWG-zuordnen (5)
- Dateiname: [03_00_Fuhrpark] (6)

- Öffnen
- Werte aus Abbildung (7) übernehmen
- OK

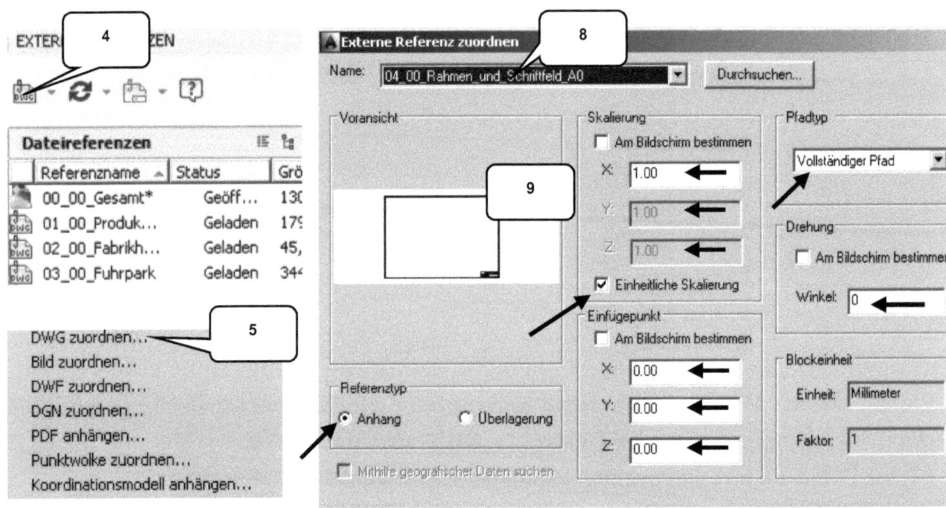

Der Befehl ist zu wiederholen, um weiterhin die Datei ***04_00_Rahmen_und_ Schriftfeld_A0*** in die Zeichnung importieren zu können.

- Referenz hinzufügen (4)
- DWG-zuordnen (5)
- Dateiname:
  [04_00_Rahmen_und_ Schriftfeld_A0] (8)

- Öffnen
- Werte aus Abb. (9) übernehmen
- OK

Weitere Änderungen an der aktuellen Datei sind zum jetzigen Zeitpunkt nicht vorgesehen und sie kann daher 🖫 ***gespeichert*** werden. Allerdings ist sie weiterhin geöffnet zu lassen.

5 Das Projekt für den Druck vorbereiten

5.1 Allgemeine Grundeinstellungen
5.1.1 Der Seiteneinrichtungs-Manager

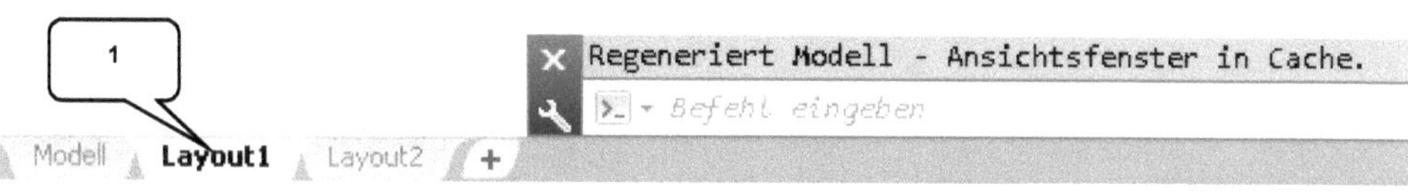

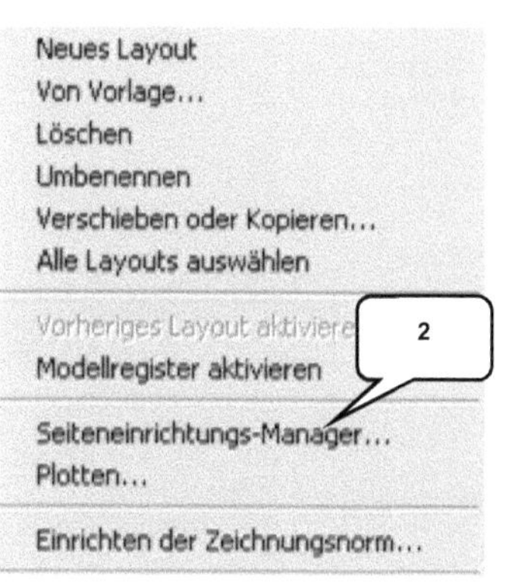

Um die aktuelle Zeichnung für einen Ausdruck auf Papier oder in das PDF-Format vorzubereiten, muss vom **Modell-bereich** in den **Papierbereich** (Layoutbereich) gewechselt werden. Dafür kann im unteren linken Bereich der Zeichnung mit der linken Maustaste auf eine der **Layout-Karten** (1) geklickt werden. Um das Layout zu bearbeiten ist im Anschluss daran mit der rechten Maustaste auf dieselbe Layout-Karte zu klicken, um im Kontextmenü den **Seitenein-richtungs-Manager** (2) zu starten. Wurde er aktiviert, so öffnet sich ein neues Fenster, worin der für diese Zeichnung zu verwendende Drucker eingestellt wird, die Blatteigen-schaften definiert werden und weitere Optionen festzulegen sind, wie z. B. besondere Druck-optionen, Druckqualität, usw..

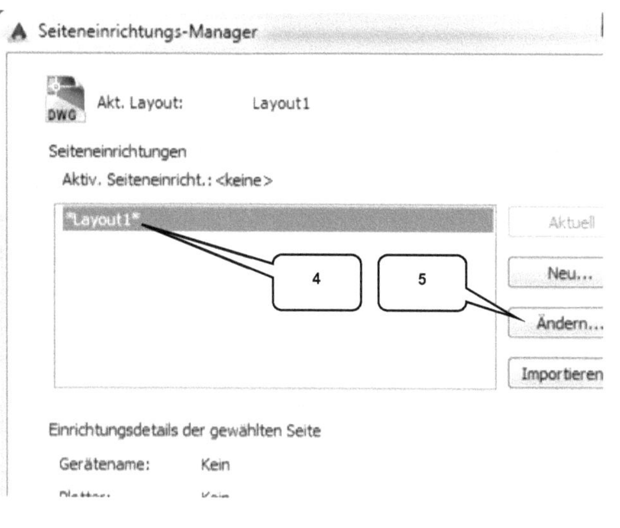

- **Layout1** (1) aktivieren (linke Maust.)
- **Rechte Maustaste** auf Layout1 (1)

- **Seiteneinrichtungs-Manager** (2)
- **Layout1** wählen (4)
- Ändern... (5)
- Einstellungen aus Abb. (6) übernehmen
- OK

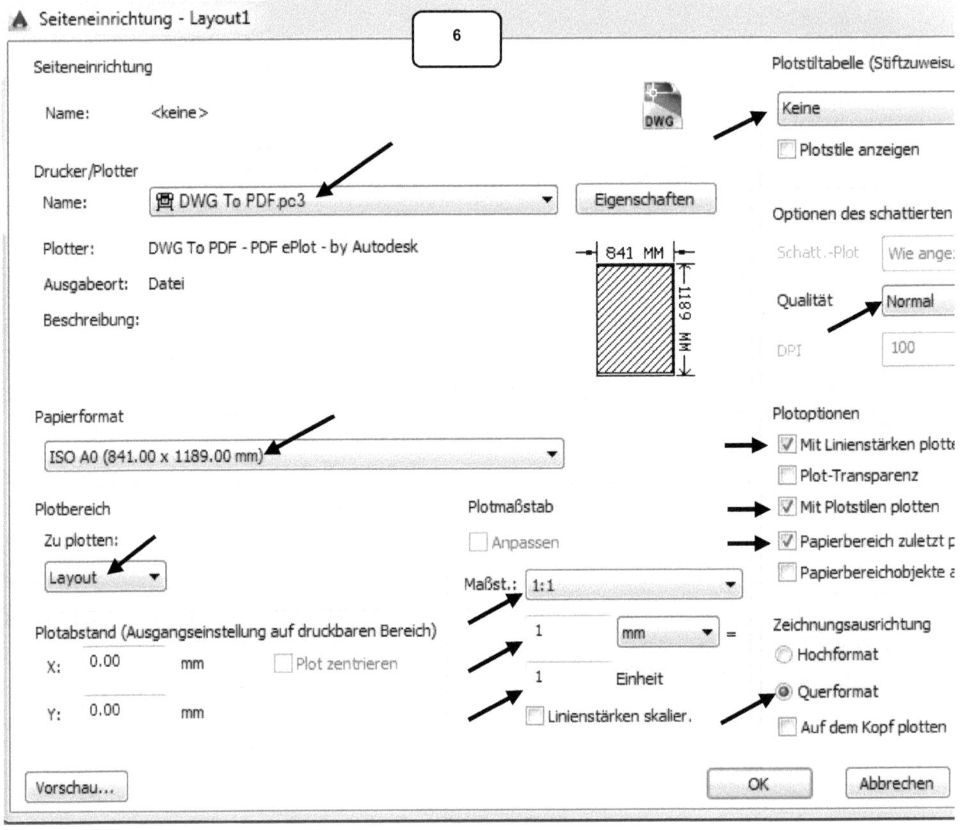

5.1.2 Das Ansichtsfenster proportionieren

Nachdem das Layout festgelegt wurde, sind jetzt alle Inhalte aus dem Modellbereich im Papierbereich sichtbar zu machen, wofür ein **Ansichtsfenster** benötigt wird. Es zeigt den gewünschten Ausschnitt des Modellbereichs an beliebiger Position und in gewünschter Größe. Standardmäßig enthält jedes Layout bereits ein Ansichtsfenster was verwendet werden kann. Das aktuelle Ansichtsfenster muss jetzt allerdings noch an die Größe des Layouts (DIN A0) angepasst werden, wofür die Eckpunkte zu verschieben sind. Hierfür muss es mit einem einfachen Klick der linken Maustaste[23] auf dessen Rand aktiviert werden, um es danach in seiner Größe ändern zu können.

---

[23] Markieren Sie das Ansichtsfenster durch einen <u>einfachen</u> Klick mit der linken Maustaste auf dessen Rand (per Doppelklick würde man ggf. unbeabsichtigt in den Modellbereich gelangen).

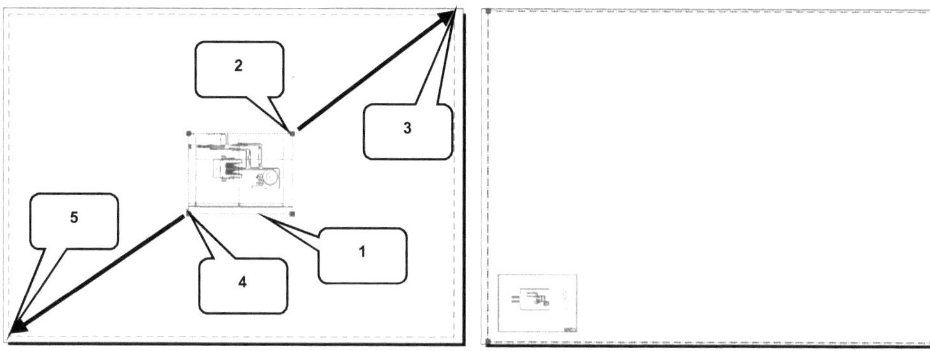

- Fenster-Rand <u>einmal</u> anklicken (1)
- Oberen, rechten Eckpunkt des Ansichtsfensters (2) auf oberen, rechten Eckpunkt des ge-strichelten Rechtecks (3) ablegen
- Unteren, linken Eckpunkt des Ansichtsfensters (4) auf unteren, linken Eckpunkt des ge-strichelten Rechtecks (5) ablegen
- *Taste: ESC*

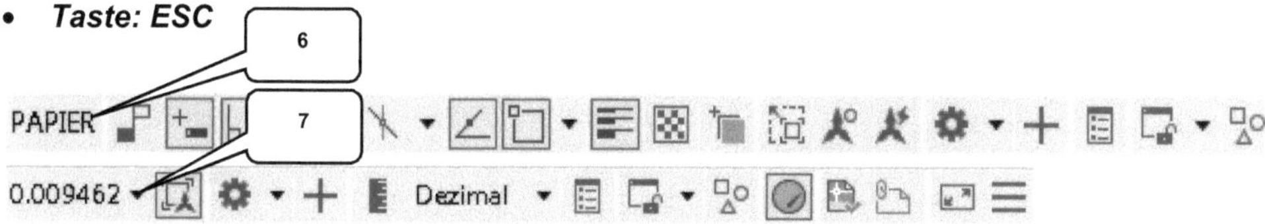

Um die Darstellung der Zeichnung aus dem Modellbereich an die neue Fenstergröße anzu-passen, muss temporär in den Modellbereich gewechselt werden. Hierfür ist in der unteren Befehlsleiste auf die Option *Papier* zu klicken. Wurden alle Änderungen übernommen, kann anschließend durch einen Klick auf *Modell* wieder in den Papierbereich zurückgekehrt wer-den.

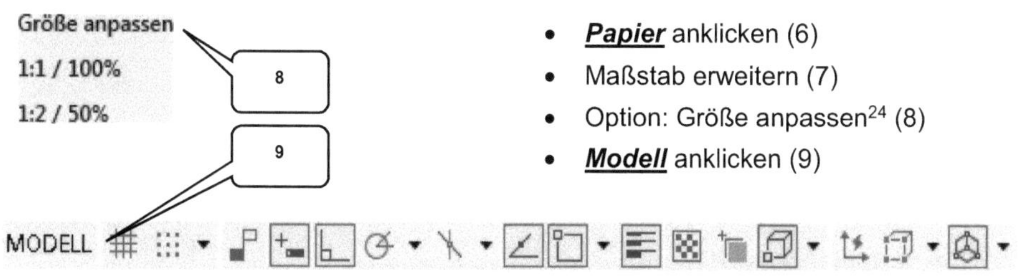

- *Papier* anklicken (6)
- Maßstab erweitern (7)
- Option: Größe anpassen[24] (8)
- *Modell* anklicken (9)

---

[24] Die in diesem Buch verwendete Anpassung der Darstellungsgröße des Modellbereichs an die Fenstergröße des Pa-pierbereichs (Option *Größe anpassen*) entspricht <u>nicht</u> der DIN-Norm! Grundsätzlich ist ein Maßstab nach DIN ISO 5455 zu wählen, was in diesem Übungsbeispiel allerdings zu keinem zufriedenstellenden Ergebnis führen würde.

5.1.3 Der neue Layer: Beschriftung

Wechseln Sie ins Register **Start** und öffnen Sie dort den ▤ **Layereigenschaften-Manager**.
Erstellen Sie einen neuen Layer **Beschriftung** mit den folgenden Eigenschaften:

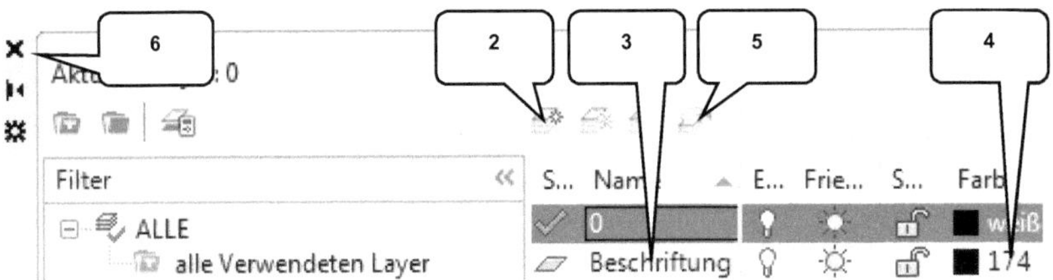

- Register **Start** (1) öffnen
- ▤ **Layereigenschaften-Manager**
- ▨ Neuer Layer (2)
- Name: [Beschriftung] (3)

- Farbe: [174] (4)
- Layer aktivieren (5)
- Fenster schließen (6)

5.1.4 Vervollständigen des Schriftfeldes

Der Schriftkopf der Zeichnung ist zu vervollständigen. Verwenden Sie hierfür den Befehl A
Einzelne Linie (im Befehlsmenü A **Absatztext**).

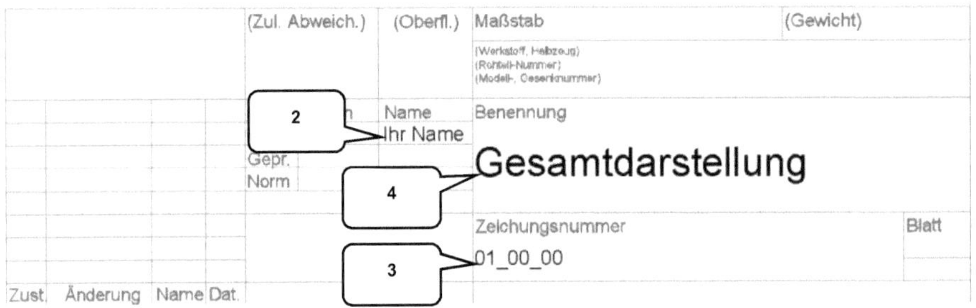

- Befehl A *Absatztext* erweitern
- A *Einzelne Zeile* (1)
- Startpunkt festlegen[25] (2)
- Höhe: [2.5] > *Taste: ENTER*
- Drehwinkel: [0] > *Taste: ENTER*
- Bezeichnung: [Ihr Name]
- *Taste: ENTER > Taste: ENTER*

- A *Einzelne Zeile* (1)
- Startpunkt festlegen (3)
- Höhe: [2.5] > *Taste: ENTER*

- Drehwinkel: [0] > *Taste: ENTER*
- Bezeichnung: [01_00_00]
- *Taste: ENTER*
- *Taste: ENTER*

- A *Einzelne Zeile* (1)
- Startpunkt festlegen (4)
- Höhe: [5] > *Taste: ENTER*
- Drehwinkel: [0] > *Taste: ENTER*
- Bezeichnung: [Gesamtdarstellung]
- *Taste: ENTER > Taste: ENTER*

5.1.5 Beschriften der Arbeitsbereiche

Weitere Bereiche sollen beschriftet werden, wofür ebenfalls der Befehl A *Einzelne Linie* zu verwenden ist. Die Schriftgröße soll diesmal 5 mm betragen.

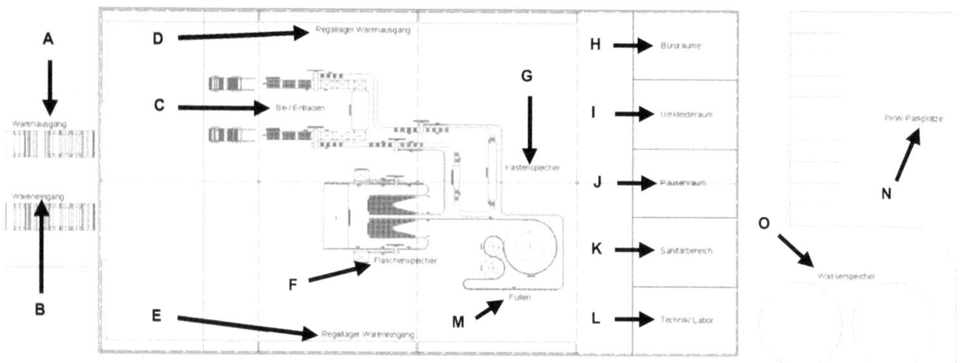

- A) [Warenausgang]
- B) [Wareneingang]
- C) [Be-/ Entladen]
- D) [Regallager WA]
- E) [Regallager WE]

- F) [Flaschenspeicher]
- G) [Kastenspeicher]
- H) [Büroräume]
- I) [Umkleideraum]
- J) [Pausenraum]

- K) [Sanitärbereich]
- L) [Technik/ Labor]
- M) [Füllen]
- N) [PKW-Parkplätze]
- O) [Wasserspeicher]

---

[25] Wurde ein Text falsch positioniert, so kann er jederzeit nachträglich korrigiert werden. Hierfür klicken Sie den Text einmal mit der linken Maustaste an und verschieben diesen dann bei gedrückter linker Maustaste auf die gewünschte Position.

5.1.6 Bemaßen der Zeichnung

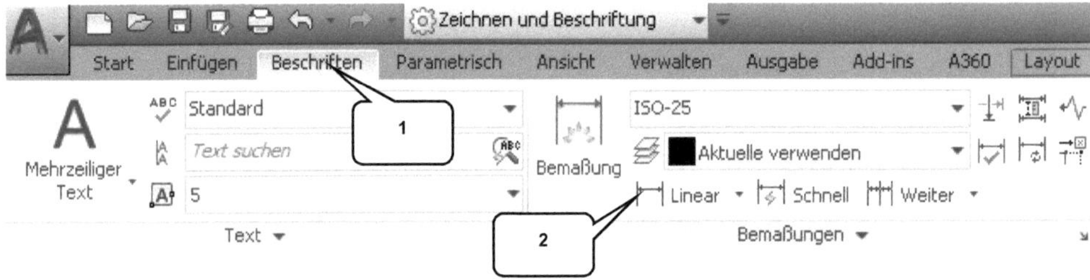

Bemaßungen sollten möglichst erst im Papierbereich erzeugt werden, da dann die Schrift-größe der Maße konstant bleibt, auch wenn der Ansichtsmaßstab im Modellbereich geändert wird[26]. Wechseln Sie ins Register **Beschriften** und bemaßen Sie zuerst den Abstand der beiden Hallenpfeiler auf der oberen, linken Seite. Bemaßt werden soll der Schnittpunkt der gestrichelten Linien mit den Pfeiler-Rechtecken.

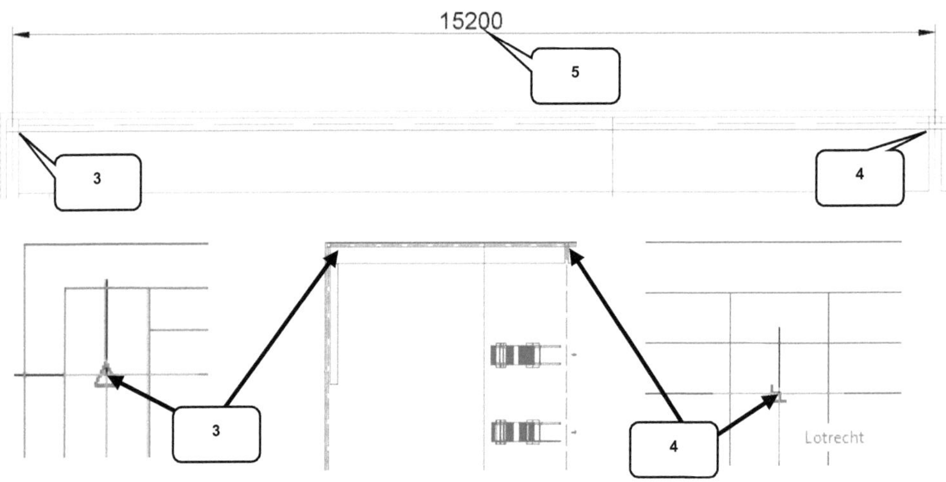

- Register **Beschriften** öffnen (1)
- ⊓ **_Linearbemaßung_** (2)
- Startpunkt wählen (3)

- Endpunkt wählen (4)
- Bemaßung ablegen (5)

Das letzte Maß soll erweitert werden, um es in ein Kettenmaß umzuwandeln. Hierfür ist der Befehl ⊓⊓ **Weiter** zu starten und weitere Referenzpunkte sind auszuwählen.

---

[26] Bemaßungen können natürlich auch im Modellbereich erzeugt werden, wenn der Beschriftungsmaßstab angepasst wird.

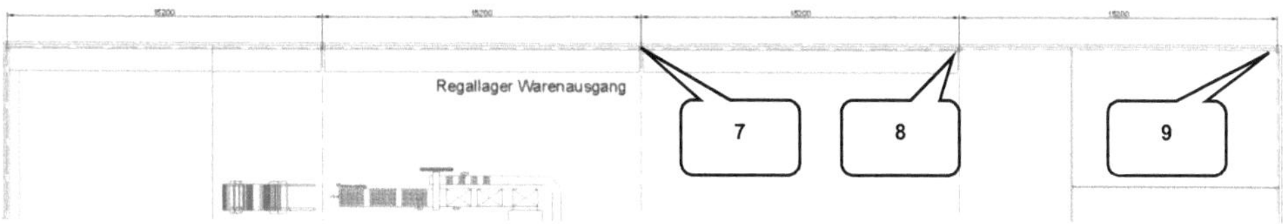

- ⊢⊣ ***Weiter*** (6)
- Markierten Schnittpunkt zwischen der gestrichelten Linie und dem Rechteck wählen (7)

- Markierten Schnittpunkt wählen (8)
- Markierten Schnittpunkt wählen (9)
- ***Taste: ESC***

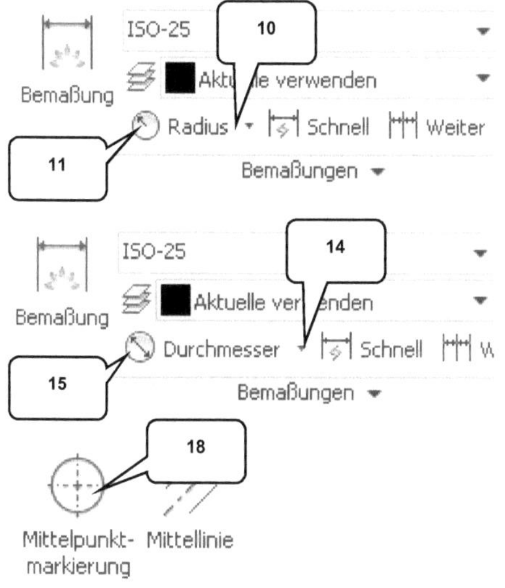

Erweitern Sie den Befehl ⊓ ***Linearbemaßung*** und bemaßen Sie den linken Wasserspeicher als ◔ ***Radiusbemaßung***.

- ***Bemaßung*** erweitern (10)
- ◔ ***Radiusbemaßung*** (11)
- Kreis (12) wählen
- Maßtext an Position (13) ablegen

Bemaßen Sie den rechten Wasserspeicher. Diesmal als ◌ ***Durchmesserbemaßung***.

- ***Bemaßung*** erweitern (14)
- ◌ ***Durchmesserbemaßung*** (15)
- Kreis (16) wählen
- Maßtext an Position (17) ablegen

Die beiden Wasserspeicher sind jeweils um ⊕ ***Mittelpunktmarkierungen*** zu ergänzen.

- ⊕ ***Mittelpunktmarkierung*** (18)
- Kreis (12) wählen
- Kreis (16) wählen
- ***Taste: ESC***

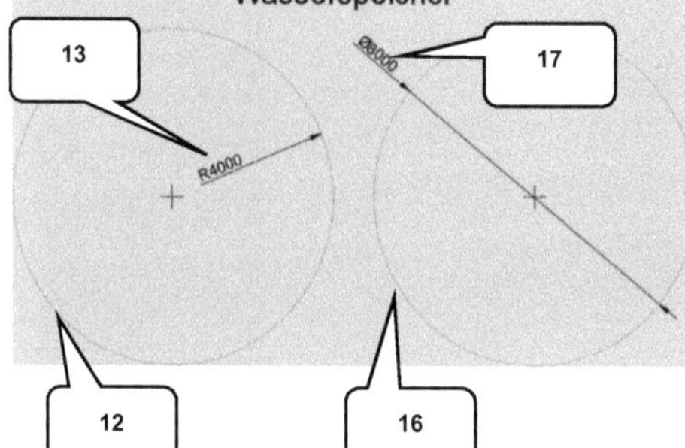

5.1.7 Führungslinien hinzufügen

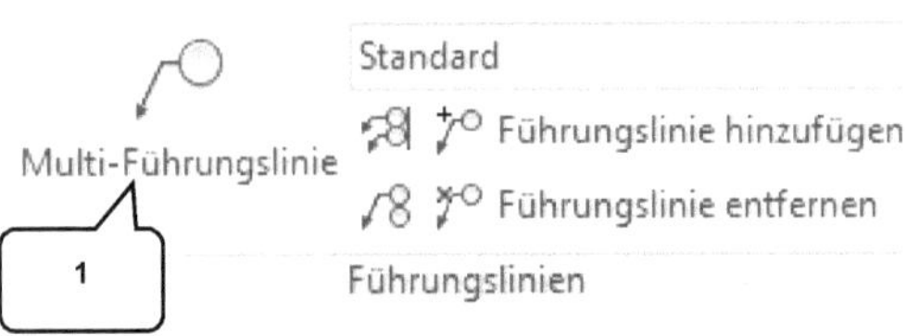

Weitere Hinweise sollen durch zwei Multi-Führungslinien in die Zeichnung eingefügt werden.

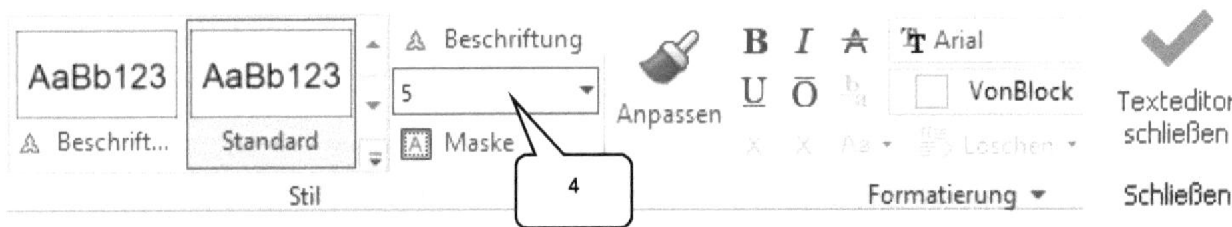

- /° **Multi-Führungslinie** (1)
- Startpunkt der Linie: Pos. (2)
- Text an Position (3) ablegen[27]
- Register: Texteditor
- Texthöhe: [5] (4)
- Text: [1] eingeben
- ✔ **Texteditor schließen**

- /° **Multi-Führungslinie** (1)
- Startpunkt der Linie: Pos. (5)
- Text an Position (6) ablegen
- Register: Texteditor
- Texthöhe: [5] (4)
- Text: [2] eingeben
- ✔ **Texteditor schließen**

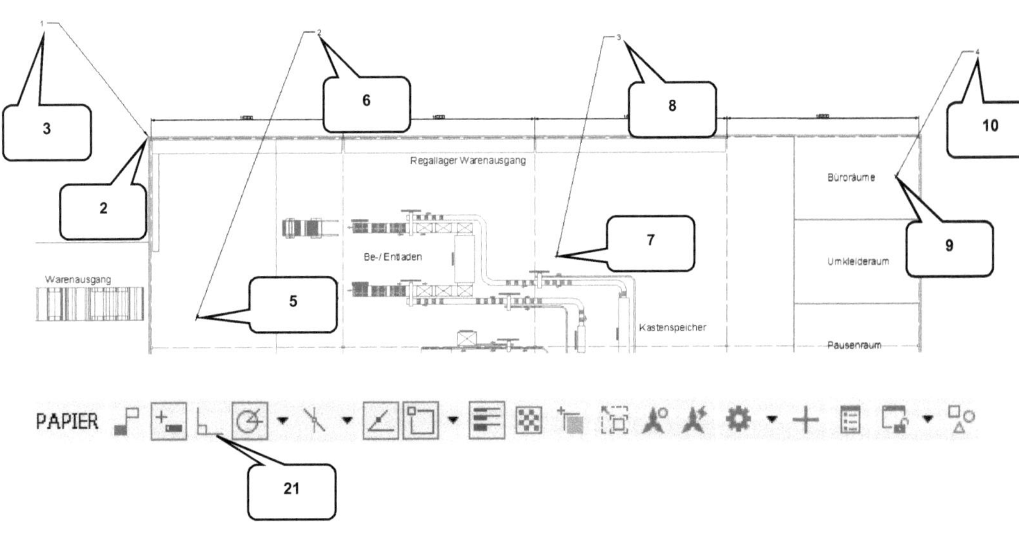

---

[27] Sollten sich die **Führungslinien** nicht wie oben angegeben positionieren lassen, so ist eventuell noch der Ortho-Modus (21) aktiv. Er müsste dann deaktiviert werden.

- ⌐○ ***Multi-Führungslinie*** (1)
- Startpunkt der Linie: Pos. (7)
- Text an Position (8) ablegen
- <u>Register: Texteditor</u>
- Texthöhe: [5] (4)
- Text: [3] eingeben
- ✔ ***Texteditor schließen***

- ⌐○ ***Multi-Führungslinie*** (1)
- Startpunkt der Linie: Pos. (9)
- Text an Position (10) ablegen
- <u>Register: Texteditor</u>
- Texthöhe: [5] (4)
- Text: [4] eingeben
- ✔ ***Texteditor schließen***

Die Führungslinien sollen jetzt aneinander ausgerichtet werden, wofür der Befehl ⌐ ***Ausrichten*** zu verwenden ist.

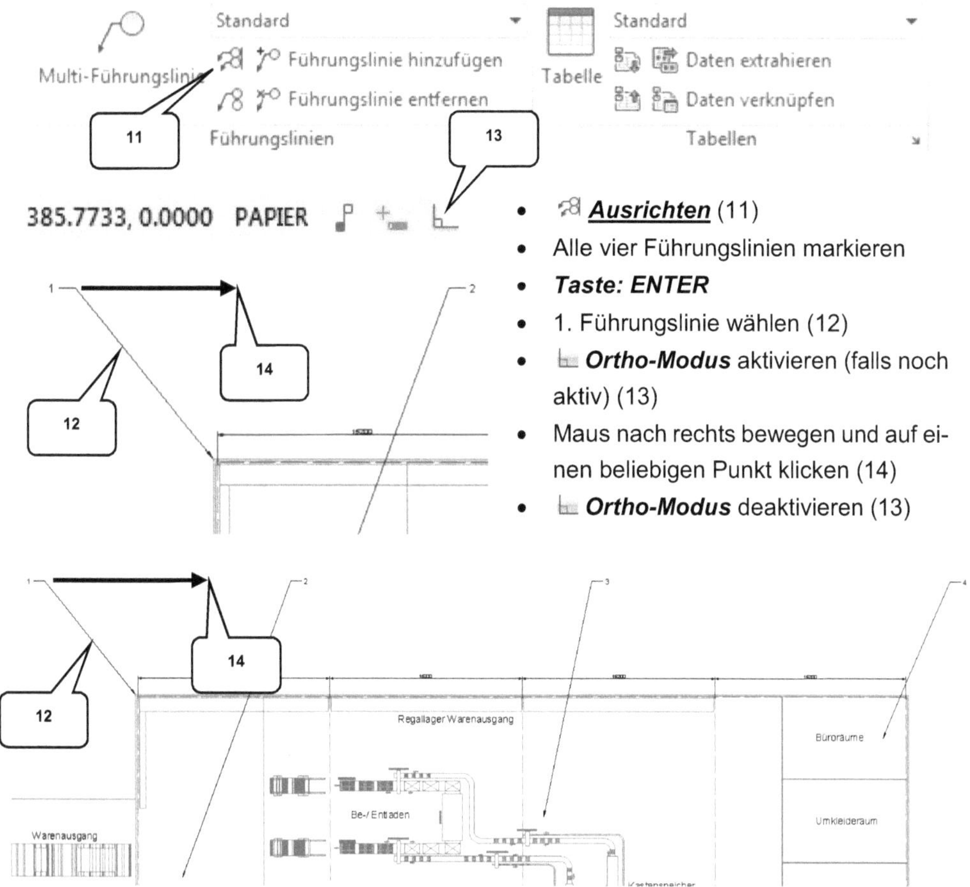

- ⌐ ***Ausrichten*** (11)
- Alle vier Führungslinien markieren
- ***Taste: ENTER***
- 1. Führungslinie wählen (12)
- ⌐ ***Ortho-Modus*** aktivieren (falls noch aktiv) (13)
- Maus nach rechts bewegen und auf einen beliebigen Punkt klicken (14)
- ⌐ ***Ortho-Modus*** deaktivieren (13)

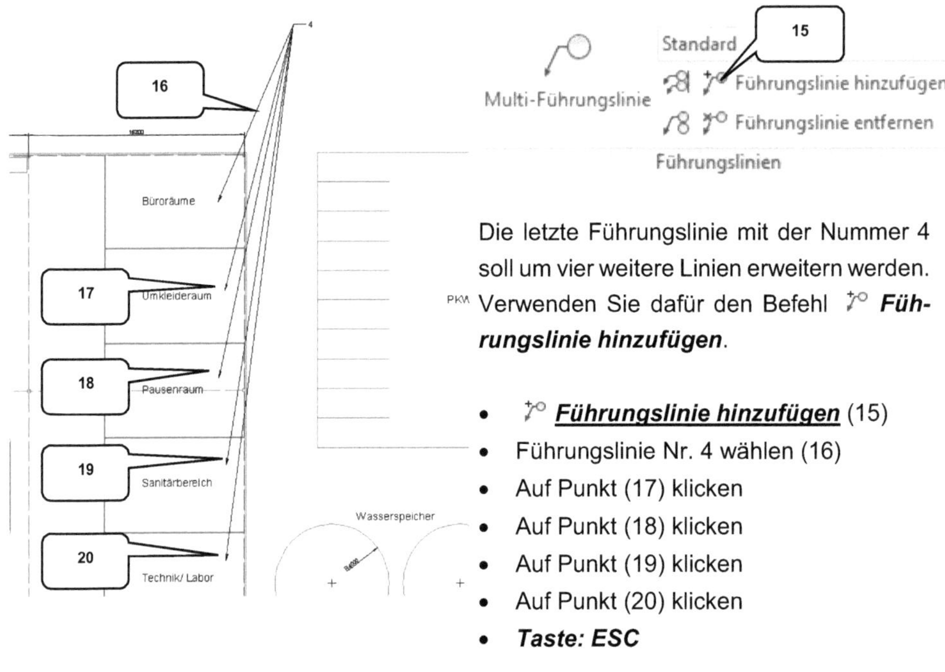

Die letzte Führungslinie mit der Nummer 4 soll um vier weitere Linien erweitern werden. Verwenden Sie dafür den Befehl ⟋° **Führungslinie hinzufügen**.

- ⟋° **_Führungslinie hinzufügen_** (15)
- Führungslinie Nr. 4 wählen (16)
- Auf Punkt (17) klicken
- Auf Punkt (18) klicken
- Auf Punkt (19) klicken
- Auf Punkt (20) klicken
- **_Taste: ESC_**

5.1.8 Einfügen einer Tabelle

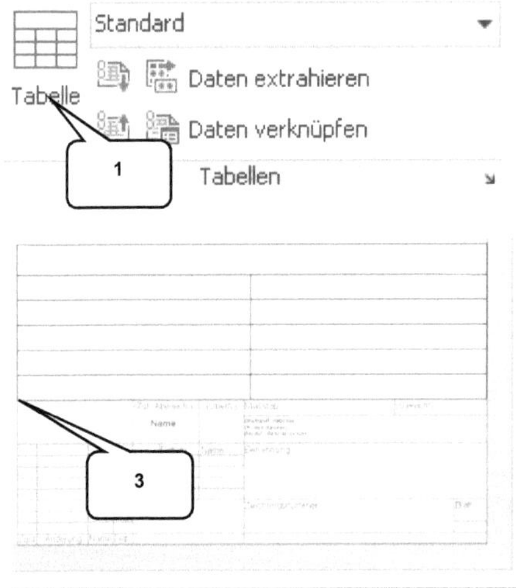

Um die Positionsnummern der Führungslinien (1...4) noch um eine tabellarische Legende ergänzen zu können, ist der Befehl ⑤ **Tabelle** zu starten. Es sollte eine Tabelle mit zwei Spalten (Breite: 85 mm) und vier Zeilen (Höhe: 1 Zeile) erzeugt werden.

- ⑤ **_Tabelle_** (1)
- Einstellungen aus Abbildung (2) übernehmen > OK
- Tabelle oberhalb des Zeichnungsschriftfeldes auf Position (3) ablegen[28]
- **_Taste: ESC_**

---

[28] Die Tabelle sollte bündig auf dem Schriftfeld der Zeichnung platziert werden. Um die Tabelle nachträglich noch einmal zu verschieben, kann der Befehl ✛ **Verschieben** (Register **Start** > Befehlsgruppe **Einfügen**) verwendet werden.

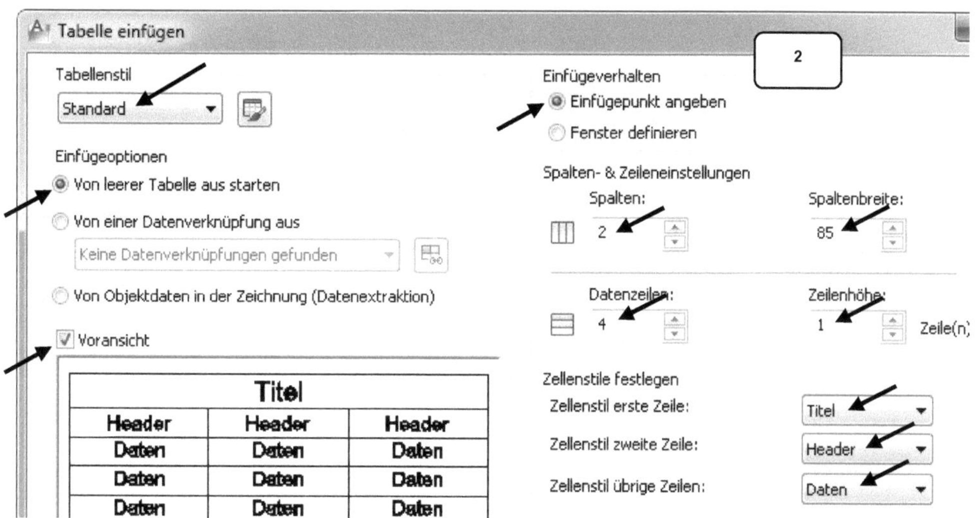

Um die Inhalte der Tabelle bearbeiten zu können, muss einmal auf die Tabelle geklickt und anschließend das zu bearbeitende Feld markiert werden. Zwischen den einzelnen Zellen kann mit den Pfeiltasten der Tastatur gewechselt werden). Die Texte der folgenden Tabelle können jetzt übernommen werden:

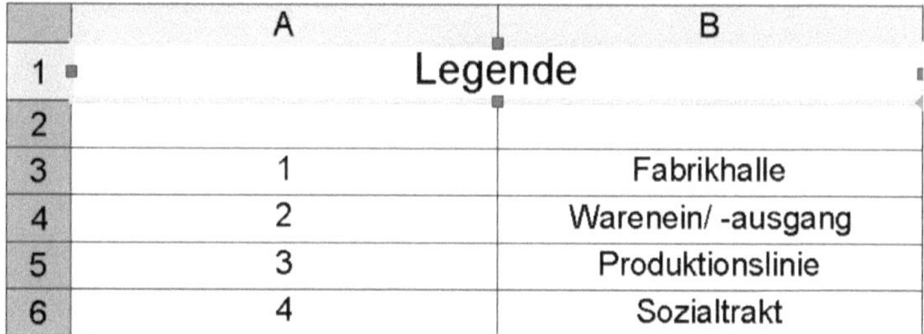

	A	B
1	Legende	
2		
3	1	Fabrikhalle
4	2	Warenein/ -ausgang
5	3	Produktionslinie
6	4	Sozialtrakt

Die Textausrichtung jeder Zelle ist mit der Option **Mitte-Zentrum** (5) festzulegen. Wurden alle Eingaben übernommen, kann die Bearbeitung der Tabelle mit den Befehl ✓ **Texteditor schließen** beendet werden.

5.1.9 Konvertieren der Zeichnung in das PDF-Format

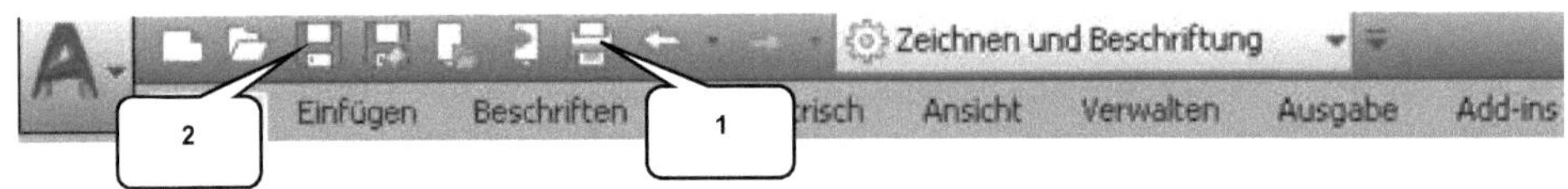

Soll eine Zeichnung auf Papier ausgedruckt oder in das PDF-Format konvertiert werden, so muss der Befehl 🖶 **Plot** gestartet werden. Um eine PDF-Datei erzeugen zu können, sollte der Drucker **DWG To PDF.pc3** aktiviert sein.

Der Klick auf die ⎡Vorschau...⎤ **Vorschau** im Befehlsfenster zeigt den aktuellen Druckbereich. Sollte dieser zufrieden stellend sein, kann das Drucken 🖶 **gestartet** werden.

- 🖶 **_Plot_** (1)
- ⎡Vorschau...⎤ Vorschau
- **Taste: ESC**
- ⎡ OK ⎤

- Dateiname: [00-00-Gesamt-Blatt1-A0]
- Dateityp: *.pdf
- Speicherort: Projektordner wählen
- ⎡ Speichern ⎤

Die PDF-Datei kann danach im Projektordner mit einem PDF-Reader geöffnet werden.

💾 **Speichern** (2) und schließen Sie die Zeichnung abschließend.

6 Fabrikplanung im 3D-Modellbereich

6.1 Visualisierung der Produktionslinie
6.1.1 Erzeugen einer neuen Zeichnung

Zur besseren räumlichen Darstellung der konstruierten Fabrik, soll anhand der bereits bestehenden 2D-Zeichnung eine vereinfachte 3D-Visualisierung erstellt werden. Im Befehl **Neu** ist wiederholt die Vorlage **acadiso.dwt** auszuwählen und die neue Datei ist unter der Bezeichnung **00_00_Gesamt-3D** im Projektordner zu **speichern**.

- **Neu** (1)
- Vorlage: acadiso.dwt
- Öffnen

- **Speichern** (2)
- Dateiname: [00_00_Gesamt-3D] (3)
- Dateityp: *.dwg
- **Speichern** (4)

6.1.2 Platzieren der Basiszeichnung

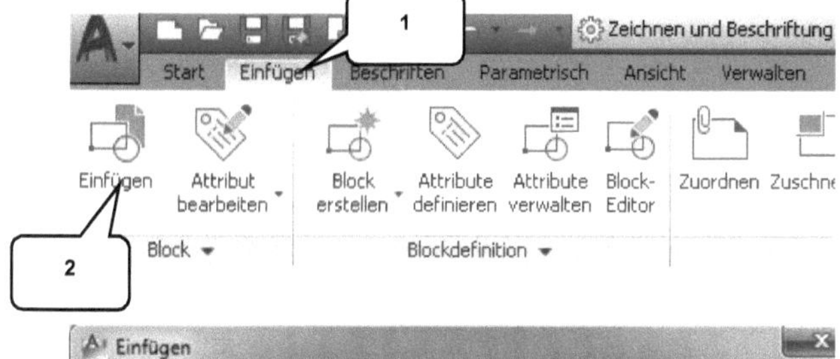

Als Grundlage für die 3D-Planung soll eine bereits vorgefertigte Zeichnung dienen, welche im ersten Schritt als Block in die Zeichnung einzufügen ist.

- Register **Einfügen** (1)
- **Block einfügen** (2)
- Weitere Optionen
- Durchsuchen...
- Dateiname: [01_00_ Produktionslinie_ Maschinen-3D]
- Einstellungen der Abb. (3) übernehmen
- OK

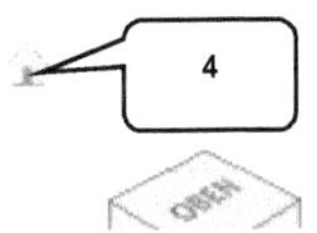

Um die Ansicht isometrisch auszurichten, kann auf das kleine Haus-Symbol (4) neben dem **ViewCube** geklickt werden. Es befindet sich oben rechts im Zeichenbereich des Programms.

6.1.3 Der neue Layer: 3D-Maschinen

Im Register **Start** kann anschließend der Layereigenschaften-Manager geöffnet werden um den neuen Layer **3D-Maschinen** mit folgenden Eigenschaften zu erstellen.

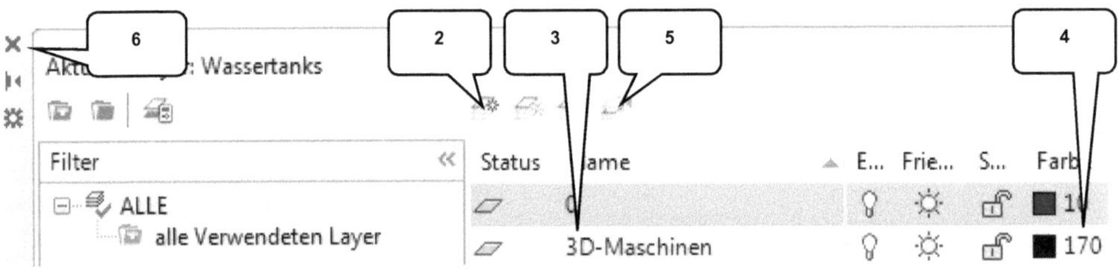

- Register **Start** (1) öffnen
- **Layereigenschaften-Manager**
- Neuer Layer (2)
- Name: [3D-Maschinen] (3)

- Farbe: [170] (4)
- Layer aktivieren (5)
- Fenster schließen (6)

6.1.4 Quadratische Objekte

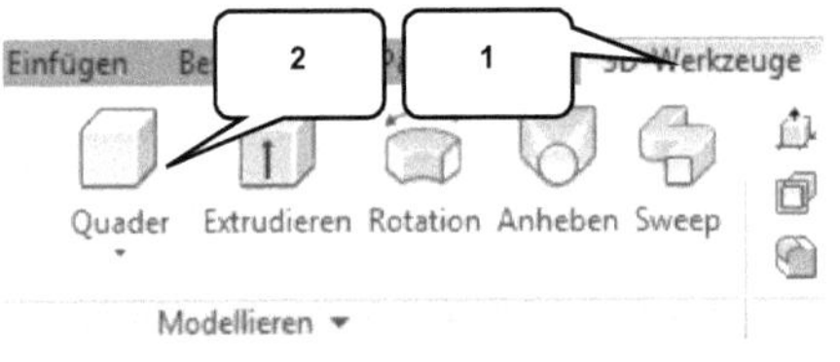

Im Register **3D-Werkzeuge**[29] (1) ist der Befehl **Quader** (2) zu starten, um die Maschine **Kästen auf Paletten heben** auf Basis der vorhandenen 2D- Kontur zu erheben.

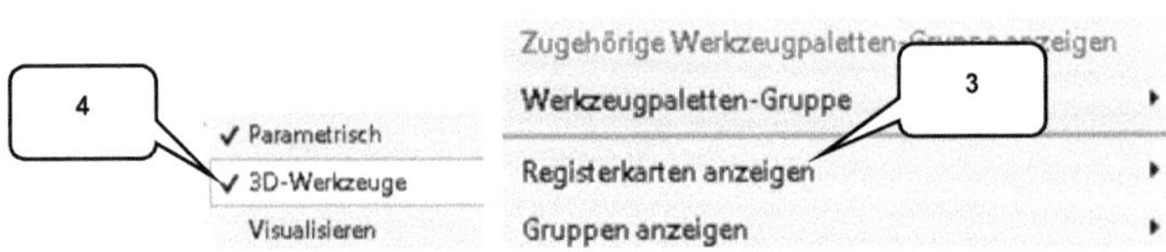

---

[29] Sollte das Register **3D-Werkzeuge** (1) in der Befehlsleiste nicht zur Verfügung stehen, so muss es gegebenenfalls erst aktiviert werden: Hierfür ist mit der **rechten Maustaste** auf ein anderes Register zu klicken, um im Auswahlmenü die Option **Registerkarten anzeigen** (3) auszuwählen und die Option **3D-Werkzeuge** (4) zu aktivieren.

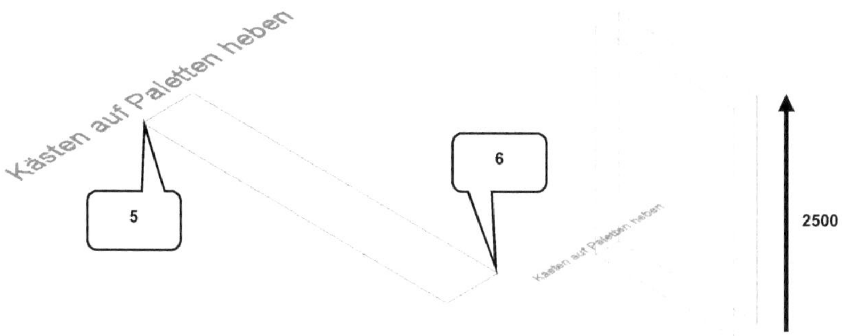

- Register *3D-Werkzeuge* öffnen (1)
- *Quader* (2)
- Startpunkt wählen (5)
- Endpunkt wählen[30] (6)

- Maus etwas nach oben ziehen
- Wert für Höhe eingeben: [2500]
- *Taste: ENTER*

Der Befehl *Quader* muss jetzt einige Male wiederholt werden, um weitere Maschinen in den 3D-Bereich zu übertragen. Hierfür sind die folgenden Höhenangaben zu verwenden:

Maschinenbezeichnung	**Höhenangabe (mm)**
Kästen von Paletten heben (7)	[2500]
Kästen auf Paletten heben (8)	[2500]
Palettenspeicher (9)	[3000]
Flaschen in Kästen heben (10)	[2500]
Flaschen aus Kästen heben (11)	[2500]
Flaschenkontrolle/ Selektion (12)	[2500]
Kastenwaschmaschine (13)	[3000]
Kastenspeicher (14)	[5000]
Flaschenwaschmaschine (15)	[5000]

---

[30] Bei der Auswahl der beiden Punkte für die Konstruktion eines *Quaders* ist darauf zu achten, jeweils die beiden diagonal gegenüberliegenden Punkte des 2D-Objekts (Rechtecks) auszuwählen.

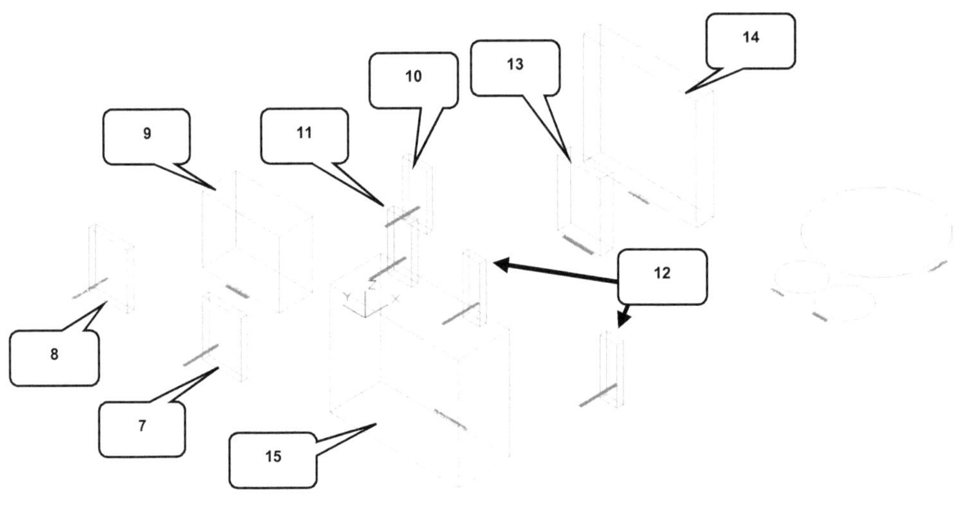

6.1.5 Zylindrische Objekte

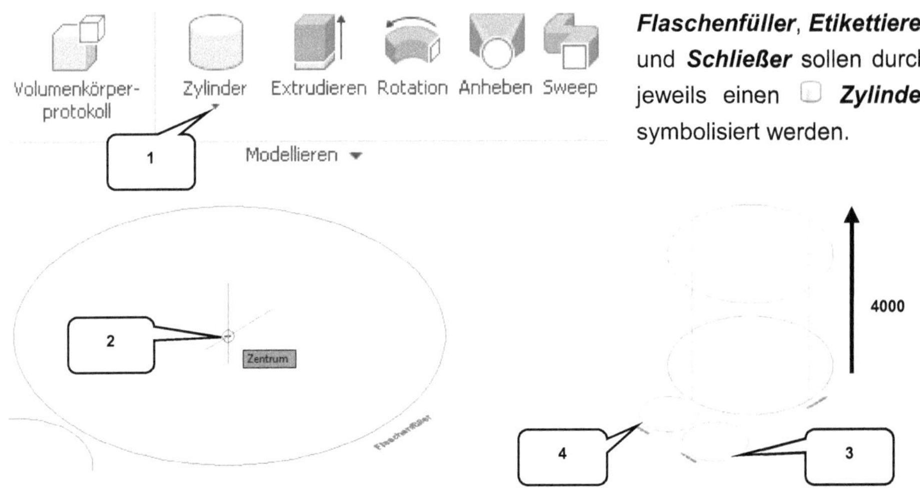

Flaschenfüller, **Etikettierer** und **Schließer** sollen durch jeweils einen ▭ **Zylinder** symbolisiert werden.

- Befehl ▭ **Quader** erweitern
- ▭ **Zylinder** (1)
- Markierten Kreismittelpunkt[31] wählen (2)
- Wert für Radius eingeben: [2500]

- **Taste: ENTER**
- Maus etwas nach oben ziehen
- Wert für Höhe eingeben: [4000]
- **Taste: ENTER**

---

[31] Im 3D-Modus ist der Mittelpunkt eines Kreises oft schlecht zu erfassen. Besser funktioniert das, wenn man zuerst mit dem Mauszeiger über den eigentlichen Kreis fährt (der Mittelpunkt wird dann angezeigt) und dann erst den Mittelpunkt selbst auswählt.

Für die beiden Maschinen *Etikettierer* und *Schließer* sind die folgenden Radien- und Höhenangaben zu verwenden:

Maschinenbezeichnung	**Radienangabe (mm)**	**Höhenangabe (mm)**
Etikettierer (3)	[1000]	[2500]
Schließer (4)	[900]	[2500]

6.1.6 Kegelförmige Objekte

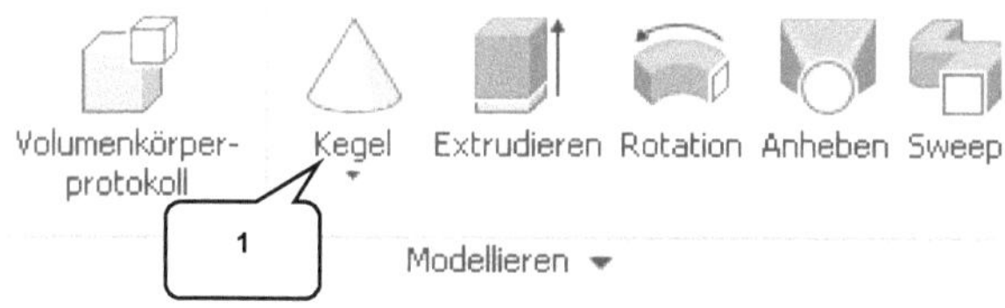

Der *Flaschenfüller* soll auf der oberen Seite des zylindrischen Grundkörpers um einen Kegel ergänzt werden.

- Befehl Zylinder erweitern
- *Kegel* (1)
- Kreismittelpunkt wählen (2)
- Wert für Radius: [2500]

- *Taste: ENTER*
- Maus etwas nach oben ziehen
- Wert für Höhe: [500]
- *Taste: ENTER*

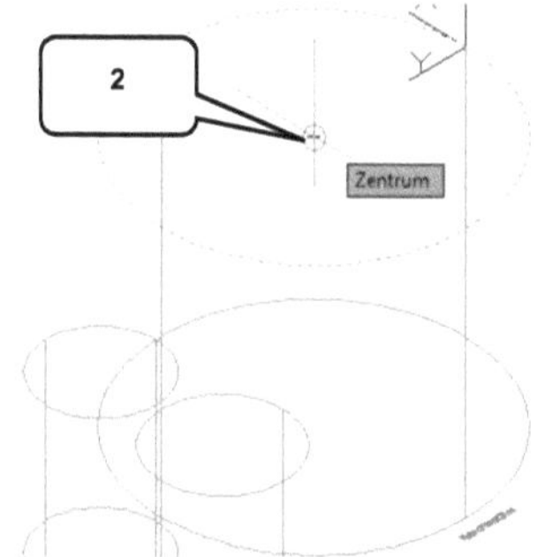

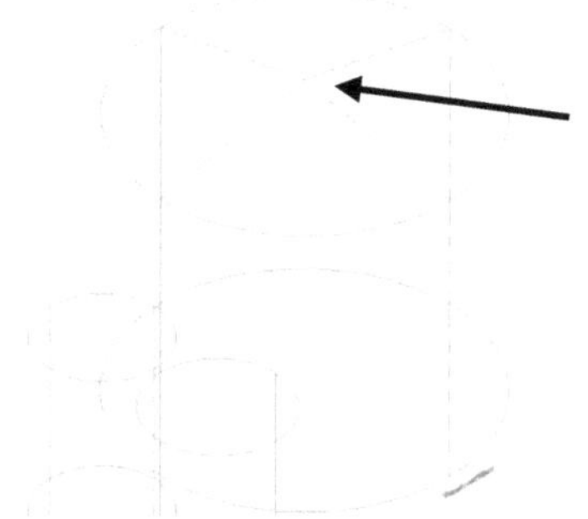

6.1.7 Kugelförmige Objekte

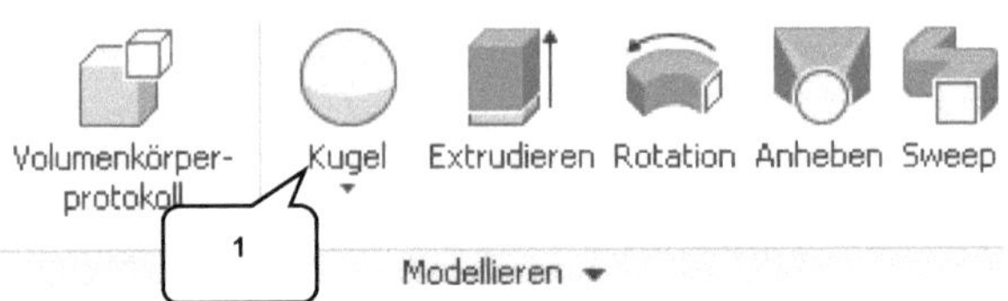

Schließer und **Etikettierer** werden ebenfalls erweitert und erhalten auf ihrer Oberseite jeweils eine zusätzliche ◯ **Kugel**.

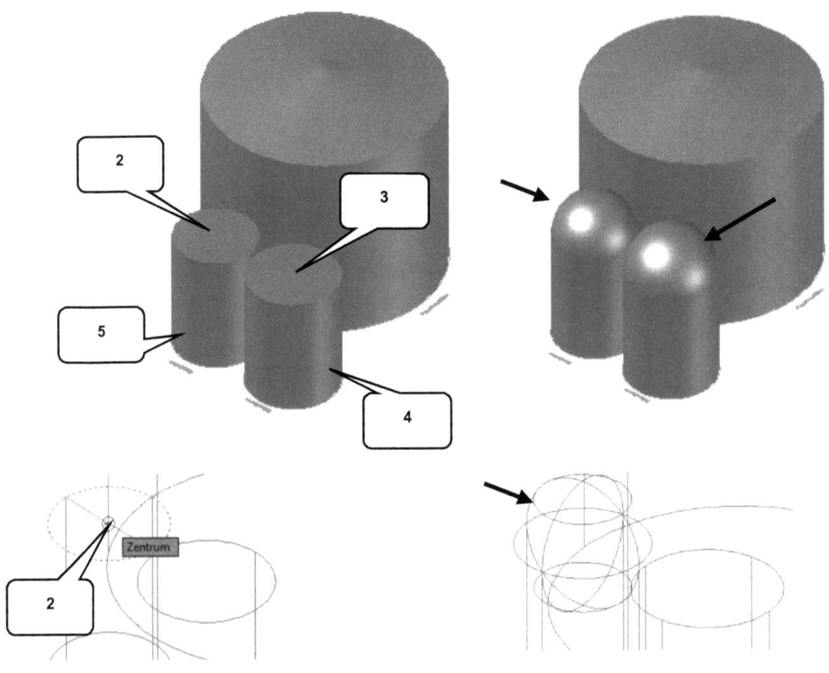

- Befehl 🔺 **Kegel** erweitern
- ◯ **Kugel** (1)
- Kreismittelpunkt (2) der oberen Fläche des Schließers (5) wählen

- Kugelradius: [900]
- **Taste: ENTER**

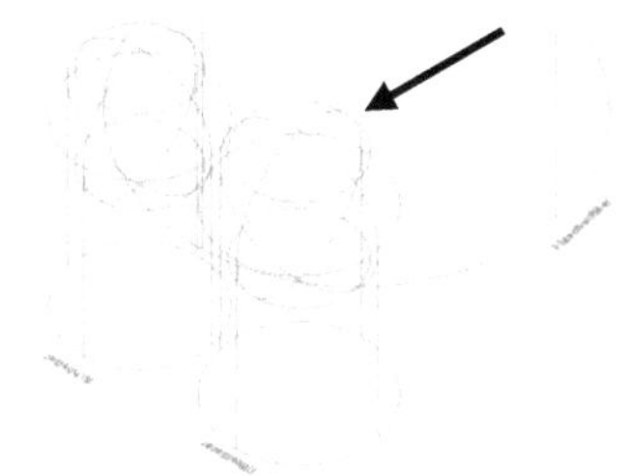

- ○ **_Kugel_** (1)
- Kreismittelpunkt (3) der oberen Fläche des Etikettierers (4) wählen

- Kugelradius: [1000]
- **_Taste: ENTER_**

6.1.8 *Bearbeiten vorhandener 3D-Objekte*

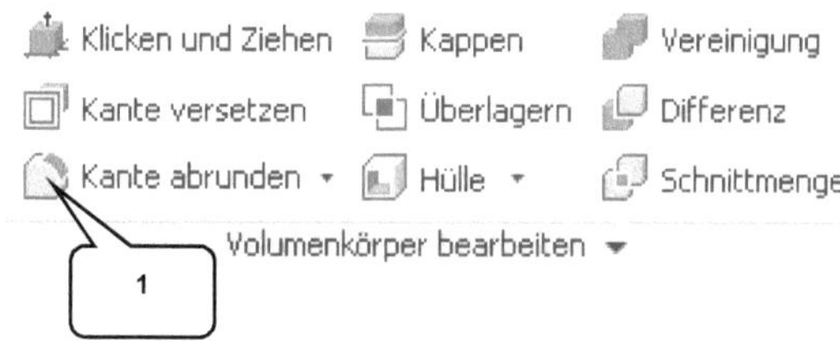

Einige Kanten des **_Palettenspeichers_** (3) sollen abgerundet werden. Verwenden Sie dafür den Befehl ○ **_Kante abrunden_**.

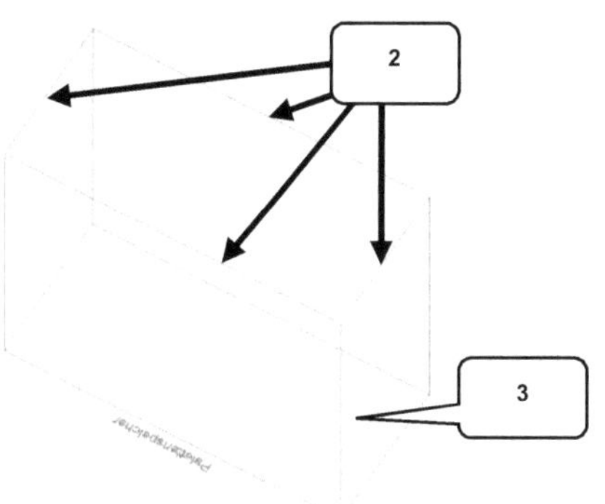

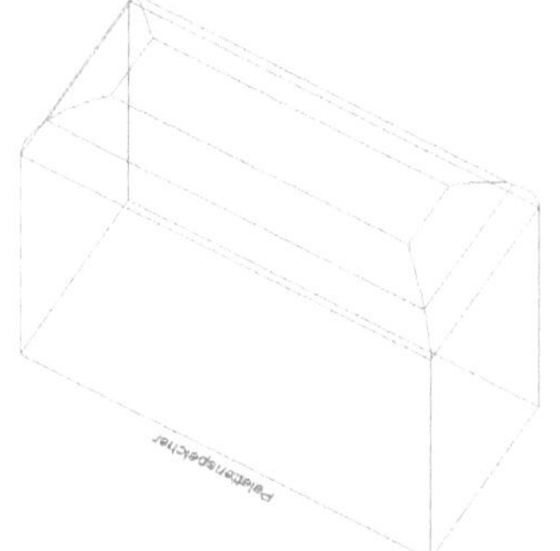

- ○ **_Kante abrunden_** (1)
- Option: [Radius] wählen
- Rundungsradius eingeben: [500]

- **_Taste: ENTER_**
- Markierte Kanten wählen (2)
- **_Taste: ENTER_**

Wiederholen Sie das Abrunden der oberen Kanten auch bei den folgenden Maschinen:

Maschinenbezeichnung	**Rundungsradius (mm)**
• Flaschenwaschmaschine (4)	[500]
• Kastenwaschmaschine (5)	[200]
• Kastenspeicher (6)	[200]

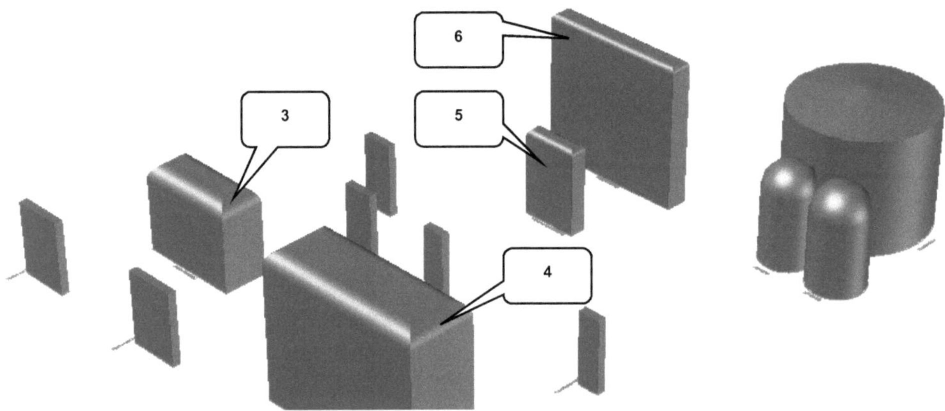

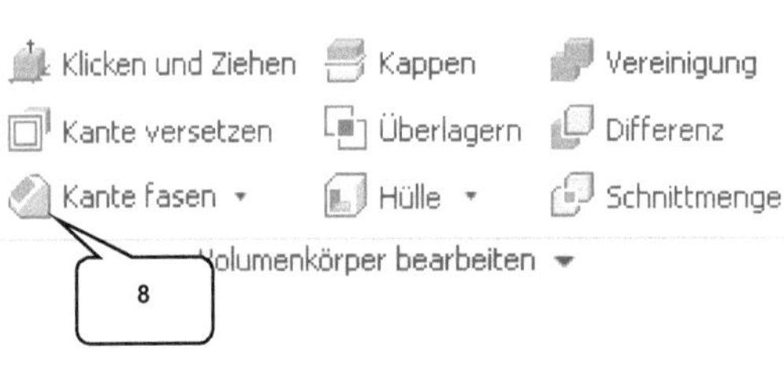

Einige Kanten der Maschine **Kästen auf Paletten heben** (7) sollen jetzt gefast werden, wofür der Befehl **Kante fasen** zu starten ist.

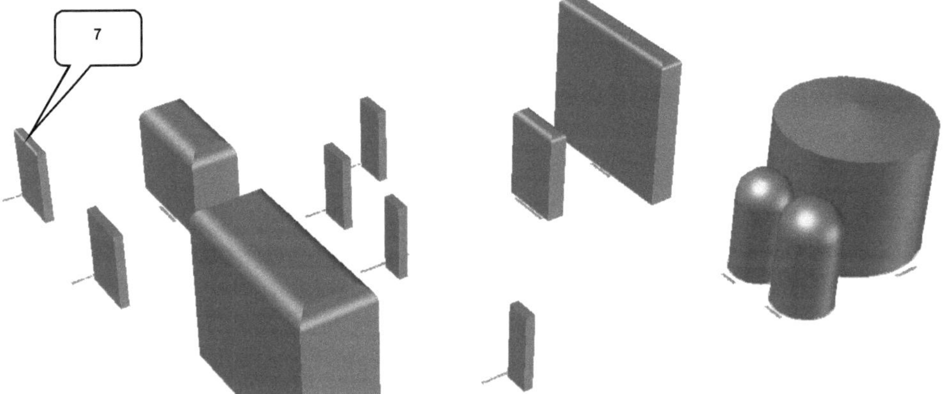

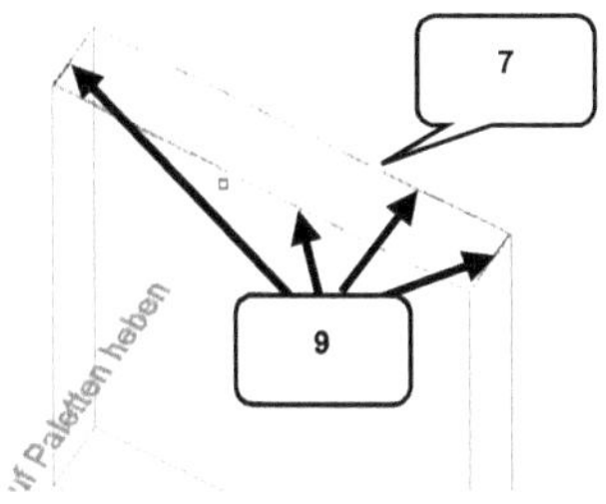

- Befehl ⟲ **Kante abrunden** erweitern
- ⬗ **_Kante fasen_** (8)
- Option: [Abstand]
- Ausdruck: [50]
- **_Taste: ENTER_**

- Ausdruck: [50]
- **_Taste: ENTER_**
- Markierte Kanten wählen (9)
- **_Taste: ENTER_**

6.1.9 *Transportsystem und Fabrikhalle importieren*

Im nächsten Schritt soll die Datei **_01_00_Produktionslinie-Transportsystem-3D_** als Block in die Zeichnung importiert werden. Auch hier ist der Einfügepunkt des Blocks auf den Koordinatenursprung der Zeichnung (X:0, Y:0, Z:0) zu beziehen.

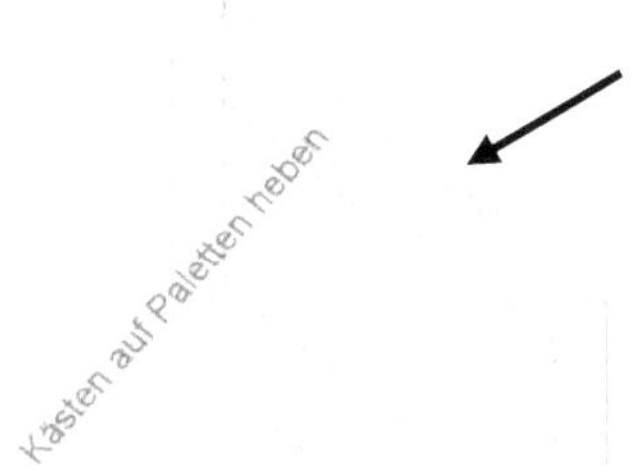

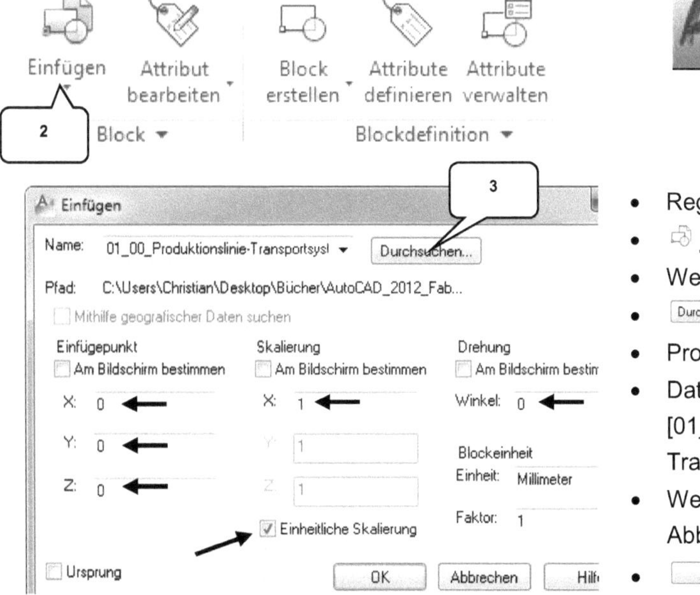

- Register **_Einfügen_** (1)
- ⊞ **_Block einfügen_** (2)
- Weitere Optionen
- 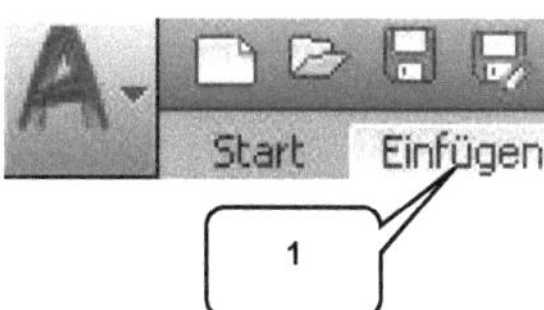 Durchsuchen... (3)
- Projektordner wählen
- Dateiname:
  [01_00_ Produktionslinie-Transportsystem-3D]
- Werte aus nebenstehender Abbildung übernehmen
- OK

Weiterhin ist die Datei **02_00_Fabrikhalle_mit_Außenbereich-3D** einzufügen.

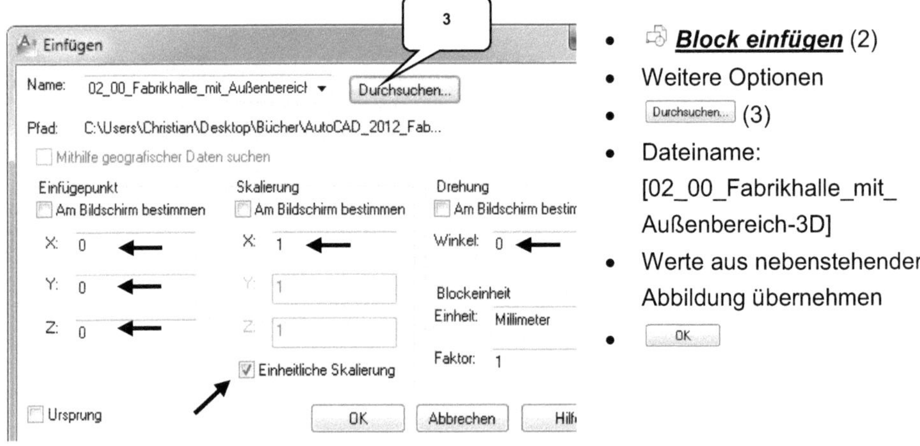

- ⬙ ***Block einfügen*** (2)
- Weitere Optionen
- `Durchsuchen...` (3)
- Dateiname:
  [02_00_Fabrikhalle_mit_
  Außenbereich-3D]
- Werte aus nebenstehender
  Abbildung übernehmen
- `OK`

6.1.10 Bearbeiten der Blöcke

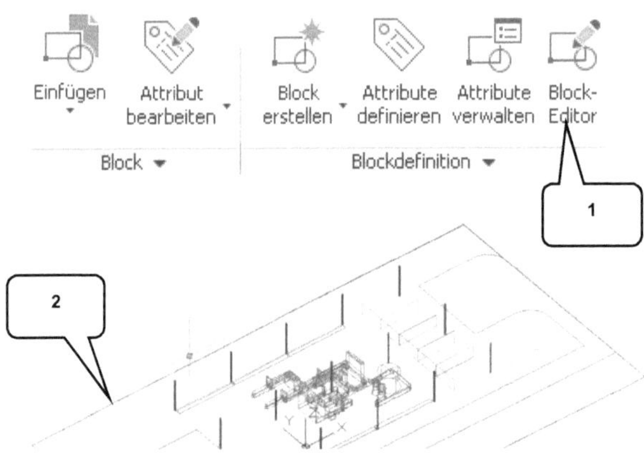

Auch Blöcke innerhalb einer Zeichnung können mit dem ⬙ ***Block-Editor*** (Befehlsgruppe ***Blockdefinition***) bearbeitet werden. Im aktuellen Beispiel sollen z. B. die Regale in der Fabrikhalle extrudiert werden. Hierfür ist der zuletzt eingefügte Block zu aktivieren.

- ⬙ ***Block-Editor*** (1)
- Markierte Linie wählen (2)
- Auswahl:
  [02_00_Fabrikhalle_mit_
  Außenbereich-3D] (3)
- `OK`

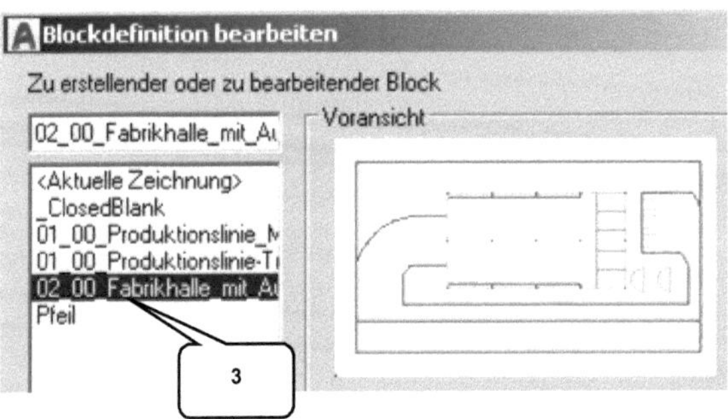

Der gesamte Zeichenbereich wird jetzt grau dargestellt, was den Bearbeitungsmodus des Blocks symbolisiert.

6.1.11 Extrusion geschlossener 2D-Objekte

Im Register **Start** kann jetzt der Layer **Regale** aktiviert werden, um anschließend ins Register **3D-Werkzeuge** zu wechseln.

- Register **Start** öffnen (1)
- Layer **Regale** aktivieren (2)
- Register **3D-Werkzeuge** öffnen (3)

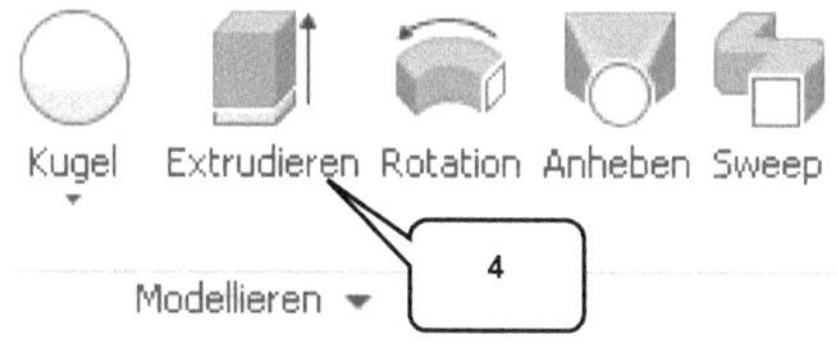

Um die sechs Regale in einen Volumenkörper konvertieren zu können, ist der Befehl **Extrudieren** zu starten. Die zu extrudierende Geometrie muss dafür zwingend geschlossen sein.

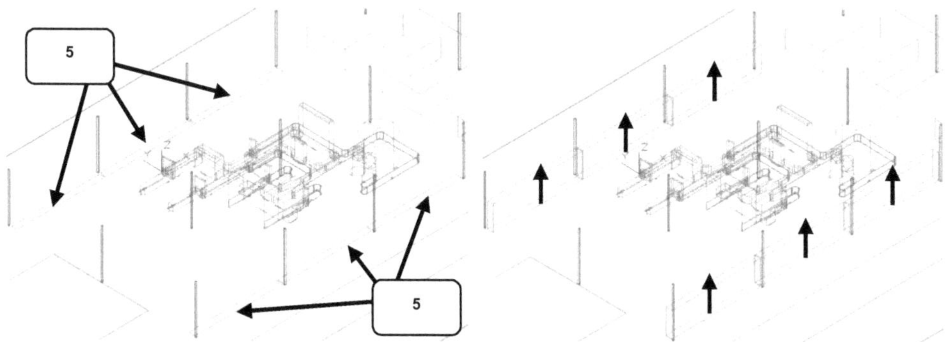

- **Extrudieren** (4)
- Sechs Rechtecke auswählen (5)
- **Taste: ENTER**

- Maus nach oben ziehen
- Höhe der Extrusion: [4000]
- **Taste: ENTER**

6.1.12 Rotation geschlossener 2D-Objekte

Im Register **Start** kann jetzt der Layer **Wassertanks** aktiviert und danach ins Register **3D-Werkzeuge** zurückgekehrt werden.

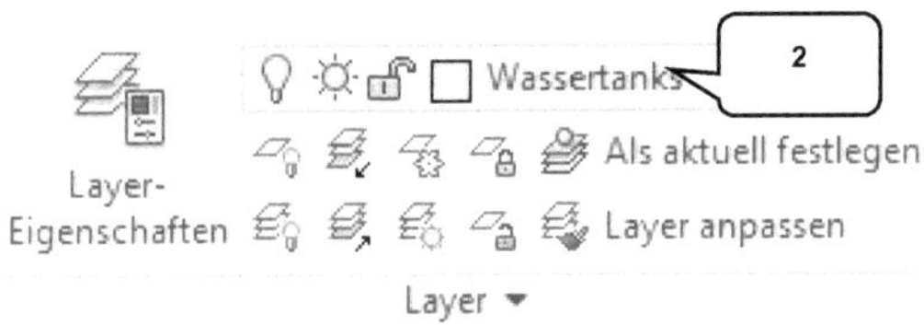

- Register **Start** öffnen (1)
- Layer **Wassertanks** aktivieren (2)
- Register **3D-Werkzeuge** öffnen (3)

Mit dem Befehl ⌖ **Rotation** sollen die beiden Halbkreise jetzt nacheinander in Kugeln konvertiert werden.

- ⌖ **Rotation** (4)
- Halbkreis (5) wählen
- Punkt (6) wählen

- Punkt (7) wählen
- Wert für Rotationswinkel eingeben: [360]
- **Taste: ENTER**

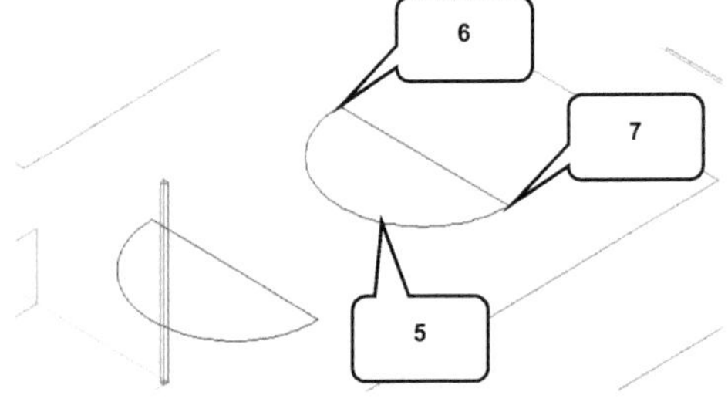

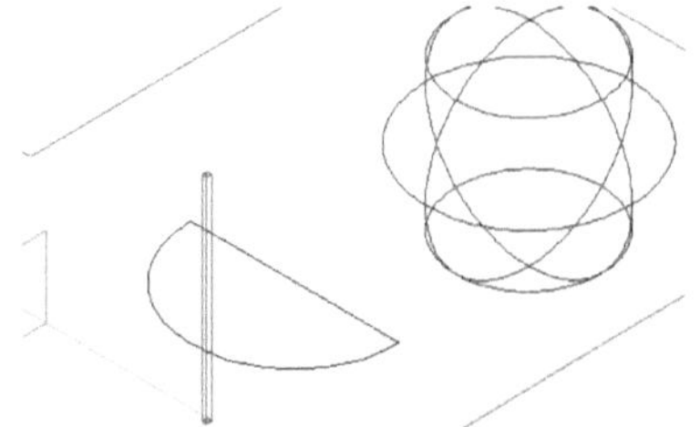

Sobald die erste Rotation erfolgreich durchgeführt wurde, kann mit dem Erstellen der zweiten Kugel begonnen werden.

6.1.13 Erstellen von Polykörpern

Für den nächsten Schritt ist im Register **Start** der Layer **Wände** zu aktivieren, um danach bereits wieder ins Register **3D-Werkzeuge** zurückzukehren.

- Register **Start** öffnen (1)
- Layer **Wände** aktivieren (2)
- Register **3D-Werkzeuge** öffnen (3)

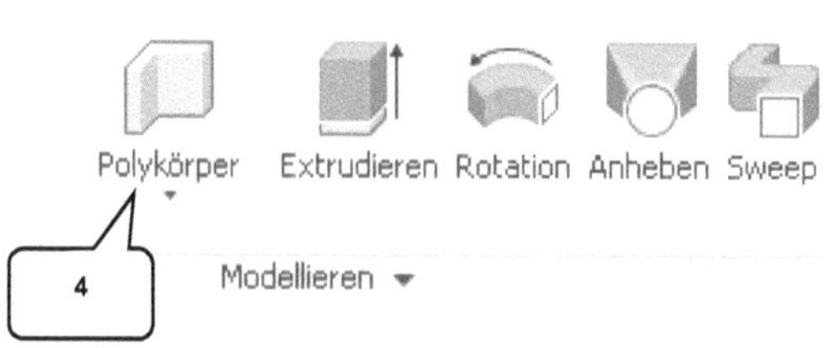

Um die Fabrik mit einer äußeren Wand zu umschließen, soll jetzt der Befehl **Polykörper** gestartet werden.

- **Polykörper** (4)
- Option: Breite (5)
- Wert für Breite: [100]
- **Taste: ENTER**
- Option: Ausrichten (6)
- Wert für Ausrichtung: [Rechts]
- Option: Höhe (7)
- Wert für Höhe: [8000]

- **Taste: ENTER**
- Ersten Punkt (8) wählen
- Zweiten Punkt (9) wählen
- Dritten Punkt (10) wählen
- Vierten Punkt (11) wählen
- Eingabe: [S] (Polylinie schließen)
- **Taste: ENTER**

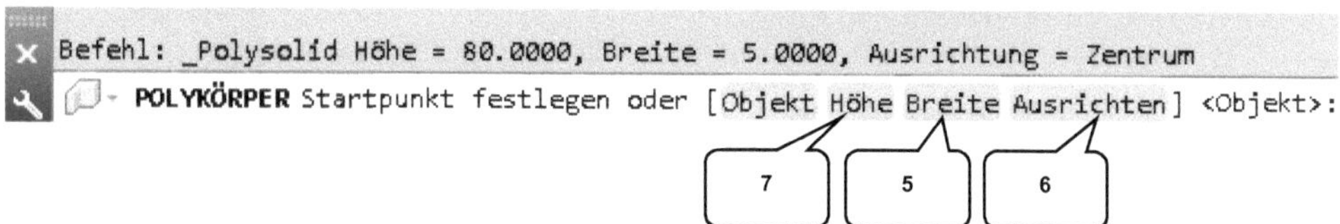

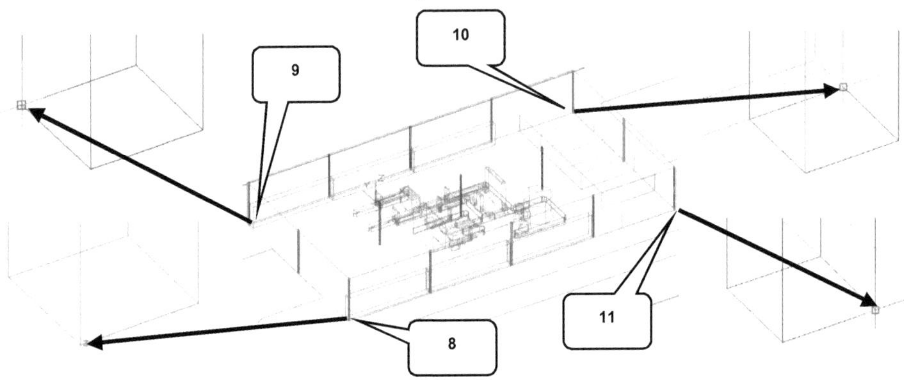

6.1.14 Bearbeiten des Polykörpers

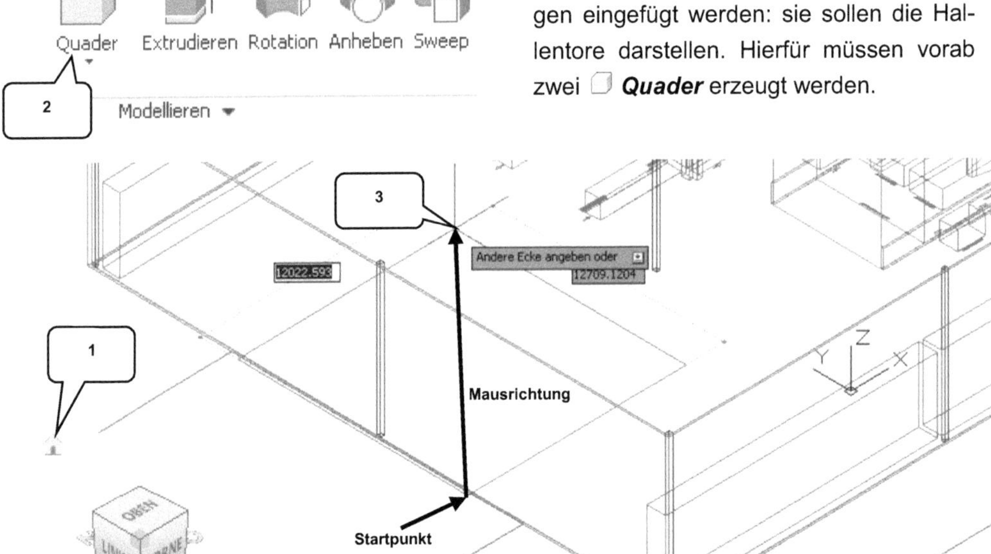

In die Hallenwand sollen zwei Aussparungen eingefügt werden: sie sollen die Hallentore darstellen. Hierfür müssen vorab zwei ☐ **Quader** erzeugt werden.

- **ViewCube: Haus-Symbol** wählen (1)
- ☐ **_Quader_** (2)
- Startpunkt: [-15300] > **Taste: TAB** > [5800] > **Taste: ENTER**
- Maus in etwa auf Position (3) ziehen (<u>nicht</u> mit linker Maustaste klicken)

- Endpunkt: [500] > **Taste: TAB**
- [3500] > **Taste: ENTER**
- Maus nach oben ziehen
- Höhe: [5000] > **Taste: ENTER**

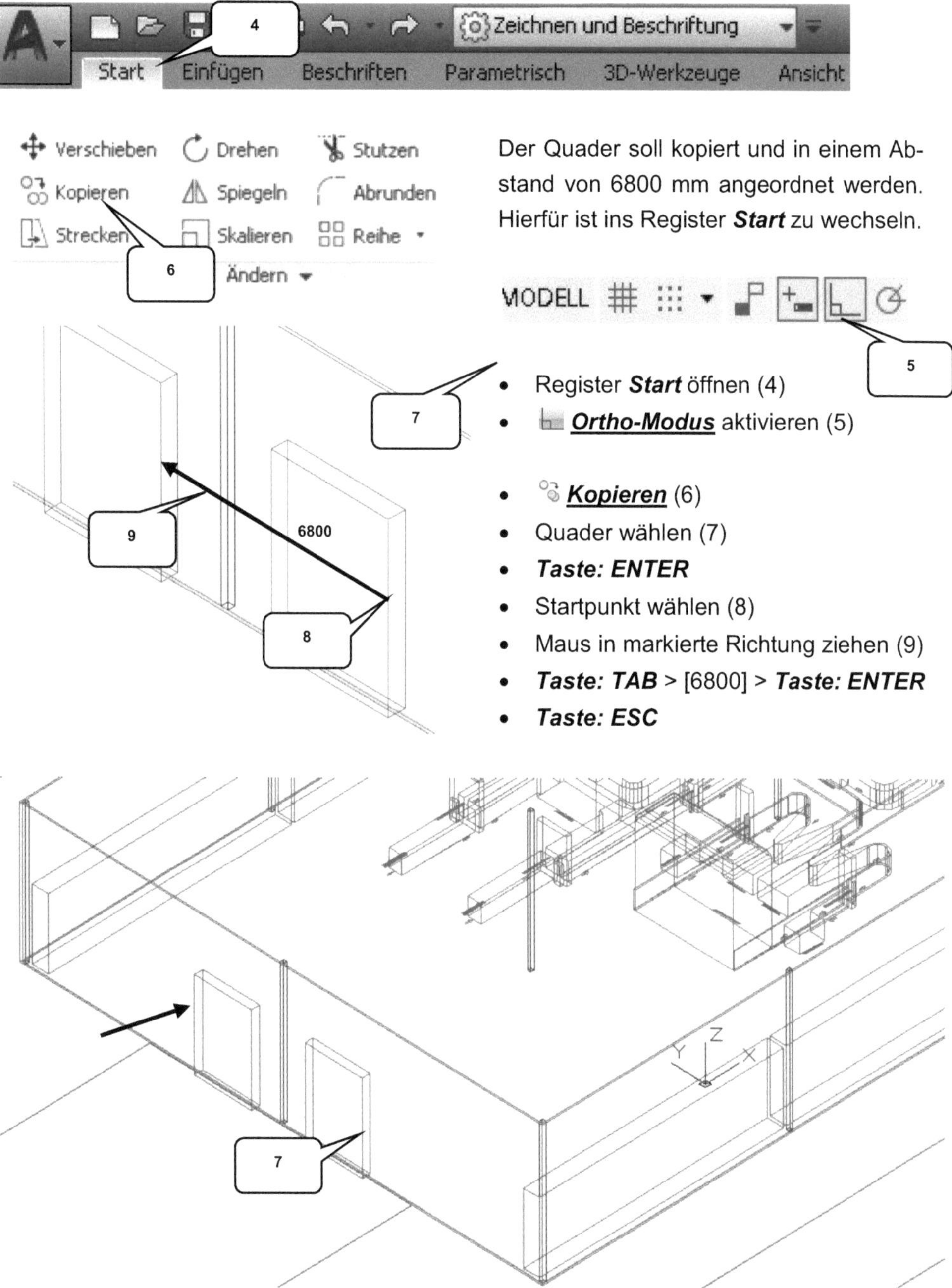

Der Quader soll kopiert und in einem Abstand von 6800 mm angeordnet werden. Hierfür ist ins Register **Start** zu wechseln.

- Register **Start** öffnen (4)
- **Ortho-Modus** aktivieren (5)

- **Kopieren** (6)
- Quader wählen (7)
- **Taste: ENTER**
- Startpunkt wählen (8)
- Maus in markierte Richtung ziehen (9)
- **Taste: TAB** > [6800] > **Taste: ENTER**
- **Taste: ESC**

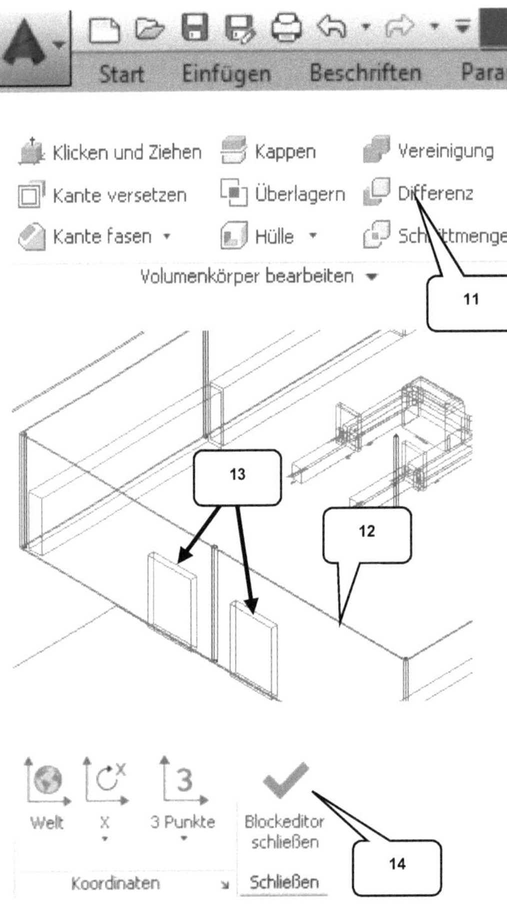

Reaktivieren Sie das Register **3D-Werkzeuge** und starten Sie den Befehl ⊙ **Differenz**, um die Quader vom Polykörper zu subtrahieren.

- Register **3D-Werkzeuge** (10)
- **Differenz** (11)
- Hallenwand wählen (12)
- **Taste: ENTER**
- Beide Quader wählen (13)
- **Taste: ENTER**

Die beiden Quader wurden aus der Zeichnung entfernt. An ihrer Stelle befinden sich in der Hallenwand jetzt zwei Aussparungen. Die Bearbeitung des Blocks kann damit beendet und der Blockeditor geschlossen werden.

- ✔ **Blockeditor schließen** (14)
- **Änderungen speichern** (15)
- OK

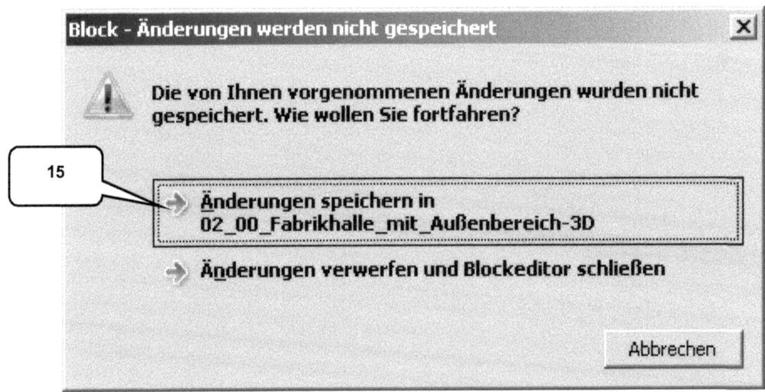

6.1.15 Importieren des Fuhrparks

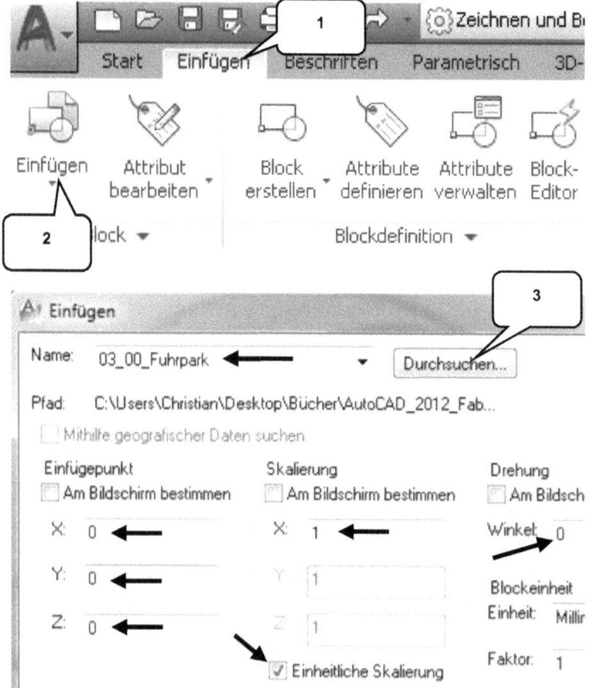

Abschließend soll ein vollständiger Fuhrpark, bestehend aus LKW und Gabelstapler als Block in die vorhandene Zeichnung importiert werden. Auch diesmal sollte sich wieder auf den Koordinatenursprungspunkt (X=0, Y=0, Z=0) bezogen werden.

- Register **_Einfügen_** (1)
- **_Block einfügen_** (2)
- Weitere Optionen
- Durchsuchen... (3)
- Dateiname: [03_00_Fuhrpark]
- Einstellungen der nebenstehenden Abbildung übernehmen
- OK

6.1.16 Rendern eines Bildes

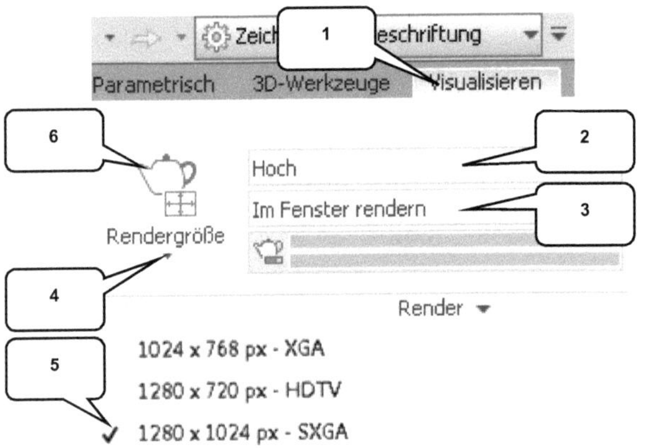

Im Register **Visualisieren**[32] sind in der Befehlsgruppe **Render** die folgenden Einstellungen vorzunehmen:

- Befehlsgruppe: Visualisieren (1)
- Qualität: Hoch (2)
- Renderbereich: Im Fenster rendern (3)
- Rendergröße erweitern (4)
- Rendergröße: 1280x1024 (5)
- **Rendern** (6)
- Ohne die Bibliothek für mittlere... (7)

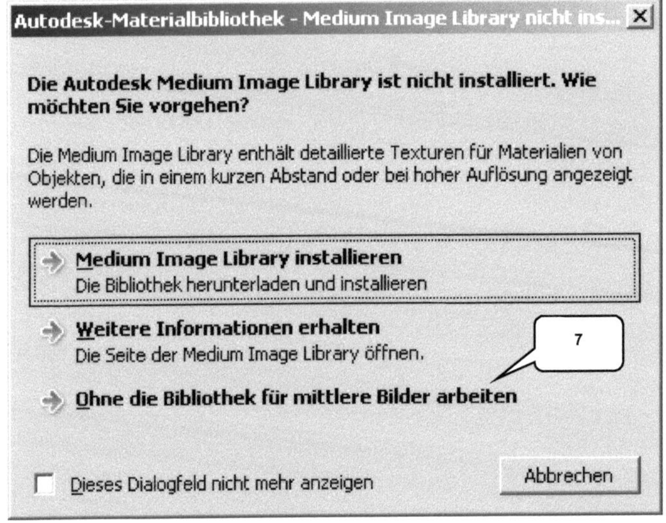

Wurde die entsprechende Bibliothek installiert, so wird das nebenstehende Fenster ggf. nicht angezeigt.

- **Speichern** (8)

Mit dieser letzten Übung endet der Ausflug in den AutoCAD-Bereich und die Datei soll noch einmal **gespeichert** und danach geschlossen werden.

---

[32] Sollte das Register **Visualisieren** nicht verfügbar sein, muss es ggf. erst wieder aktiviert werden (**rechte Maustaste** auf eine der vorhandenen **Registerkarten > Registerkarten anzeigen > Visualisieren**).

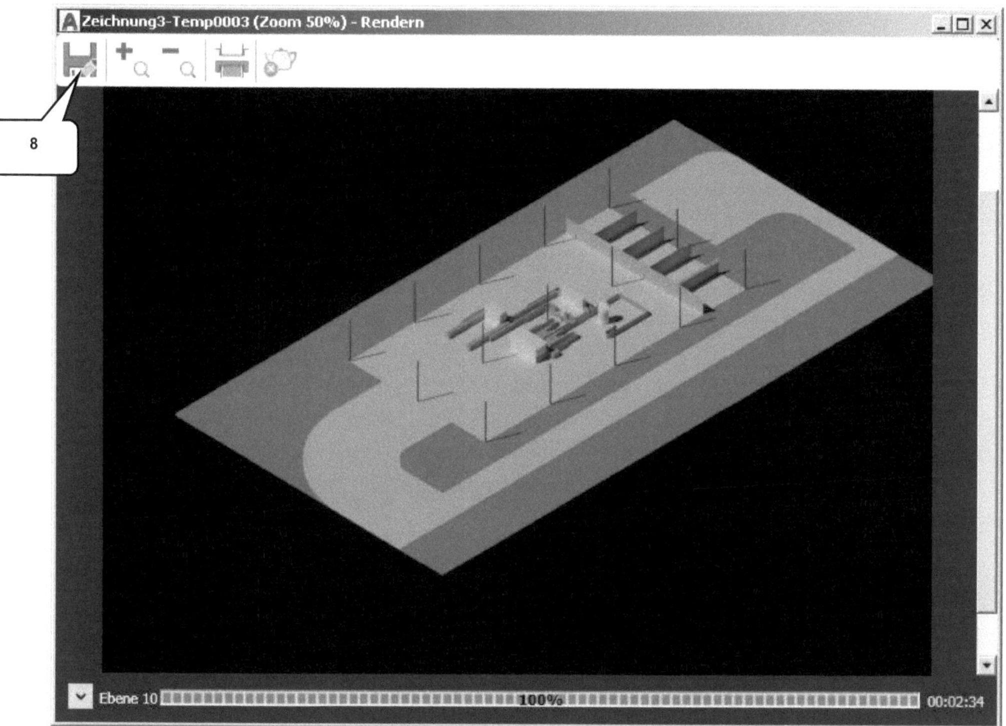

7   SCHLUSSWORT

Der Autor des Buches hofft, dass Sie bei der Arbeit mit dem Programm und dem Übungsprojekt viel Spaß hatten.

Der Inhalt des Buches wurde sorgfältig geprüft. Leider können Fehler nicht ausgeschlossen werden. Wenn Ihnen während der Arbeit mit dem Buch Fehler auffallen sollten, oder wenn Sie Ideen zur Verbesserung des Inhaltes haben, ist Ihnen der Autor für jeden Hinweis per E-Mail dankbar.

Konstruktive Anmerkungen können jederzeit an **schlieder@cad-trainings.de** gesendet werden.

Vielen Dank.

Auszug aus dem Buch AUTODESK INVENTOR

Die folgenden Seiten zeigen Auszüge aus dem Buch:

➢ *Autodesk® Inventor® - Grundlagen in Theorie und Praxis*

Das Buch ist ein **Grundlagenbuch** für Autodesk Inventor. Anhand eines komplexen Übungs-beispiels (Viertaktmotor) lernt der Leser den richtigen Umgang mit dem Programm.

In kleinen, nachvollziehbaren Schritten werden Skizzen gezeichnet, Bauteile erzeugt, Bau-gruppen zusammengefügt und animiert, Zeichnungen abgeleitet, Präsentationen erstellt, Ble-che bearbeitet und parametrische Konstruktionen erzeugt. Der Leser erfährt nützliche Hin-weise zum Umgang mit dem Programm und kann die Theorie, parallel zum Buch, in kleinen praktischen Übungen umsetzen.

Die folgenden Bereiche werden in diesem Buch behandelt:

- Projekte erstellen, verwalten und exportieren
- Skizzen erstellen und Konturen zeichnen
- Bauteile aus Skizzen erzeugen
- Baugruppen zusammenfügen und animieren
- Normteile aus dem Inhaltscenter generieren
- Bauteile und Baugruppen als Zeichnung ableiten
- Bilder rendern
- Baugruppen präsentieren
- Bleche erzeugen und bearbeiten
- Schweißbaugruppen erstellen
- Parametrisches Konstruieren

Weitere Informationen zu diesem und anderen Bü-chern erhalten Sie auf der Webseite:

➢ *http://www.cad-trainings.de/*

Christian Schlieder

Autodesk® Inventor® 2021

Grundlagen in Theorie und Praxis

12. Auflage

Viele praktische Übungen am
Konstruktionsobjekt
4-TAKT-MOTOR

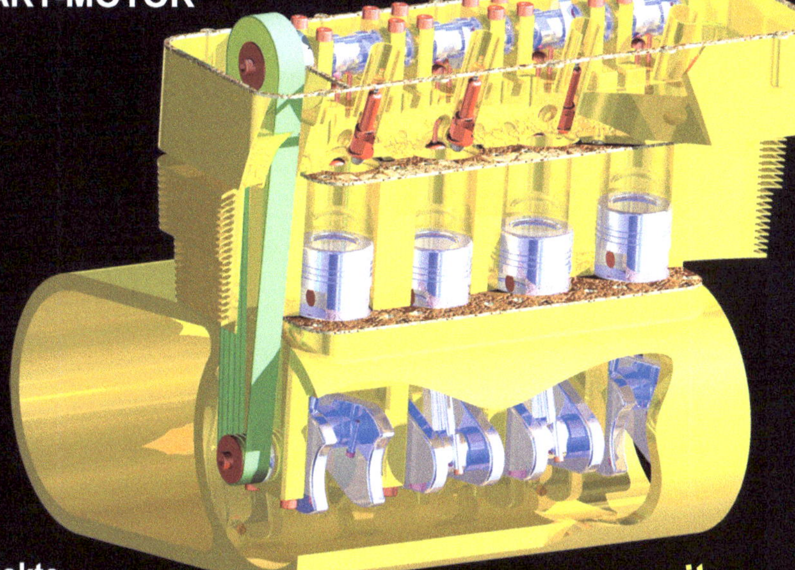

Projekte
Bauteile
Parameter
Baugruppen
Zeichnungen
Präsentationen
Inventor Studio
Blechbearbeitung
Schweißbaugruppen

5 Erstellen eines Einzelbenutzerprojekts

In Inventor® sollte in Projekten gearbeitet werden, um die Koordination zusammenhängender Dateien und Einstellungen zu vereinfachen. Zu jedem Projekt wird eine eigene Projektdatei (*.ipj) erzeugt, welche alle Informationen und Querverweise eines Projektes speichert. Das ist besonders dann wichtig wenn komplexe Projekte nach Ihrer Fertigstellung archiviert oder kopiert werden sollen. Erzeugen Sie ein neues Einzelbenutzer-Projekt mit der Bezeichnung *Inventor-2021-4-Takt-Motor*. Es sollte im gleichnamigen Projektordner gespeichert werden.

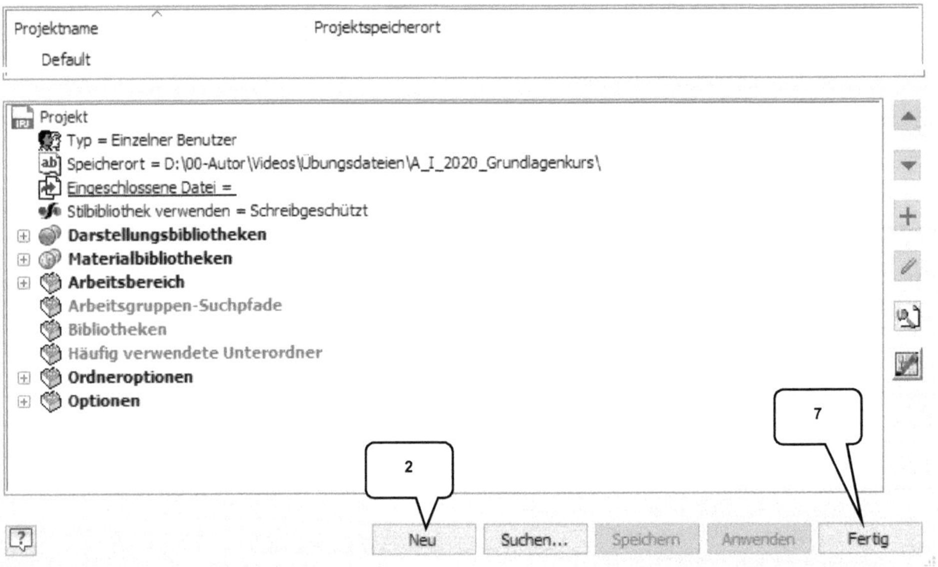

> Projekte (1)
> Neu **Neu** (2)
> Neues Einzelbenutzer-Projekt (3)
> Weiter **Weiter**
> Name: **Inventor-2021-4-Takt-Motor** (4)

> Projektordner: Pfad zum Projektordner wählen (5)
> Fertig stellen **Fertigstellen** (6)
> Fertig **Fertig** (7)

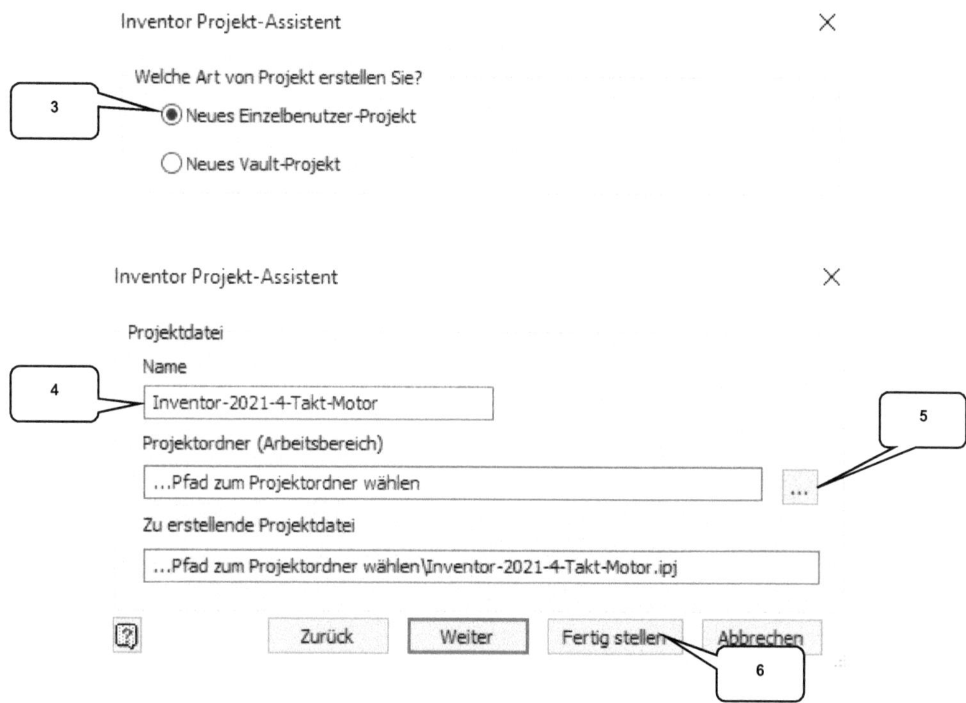

Das neue Projekt wird automatisch aktiviert, was durch den kleinen Haken (8) in der Zeile des Projektes signalisiert wird. Ein anderes Projekt kann per Doppelklick darauf aktiviert werden.

6 SKIZZEN und BAUTEILE

6.1 Bauteil: Ventil

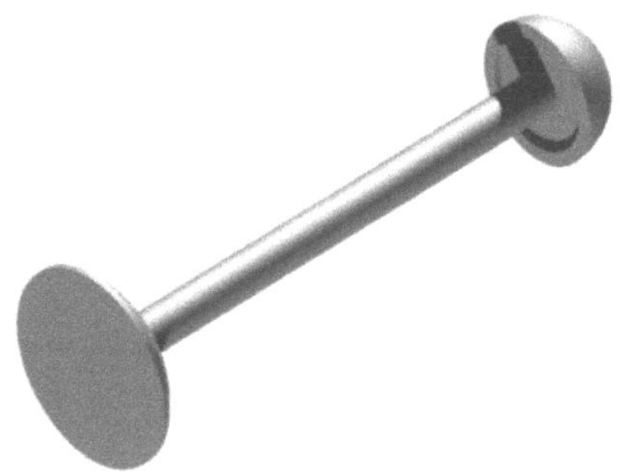

6.1.1 Erstellen einer neuen Bauteildatei

Zur Erstellung einer neuen Bauteildatei muss im Register **Erste Schritte** der Befehl **Neu** (1) gestartet werden. Im Fenster **Neue Datei erstellen** (2) kann dann aus den bereits vorhandenen Vorlagen (Templates) ausgewählt werden, wobei die folgenden Optionen zur Verfügung stehen:

> **Blech.ipt**   erzeugt ein neues Blechbauteil
> **Norm.ipt**   erzeugt ein neues Bauteil
> **Norm.iam**   erzeugt eine neue Baugruppe
> **Schweißkonstruktion.iam**   erzeugt eine neue Schweißbaugruppe
> **Norm.dwg**   erzeugt eine neue AutoCAD-Zeichnung (*.dwg)
> **Norm.idw**   erzeugt eine neue Inventor®-Zeichnung (*.idw)
> **Norm.ipn**   erzeugt eine neue Präsentation (Sprengbild)

Um ein Bauteil erzeugen zu können muss die Vorlage **Norm.ipt** (3) verwendet werden.

> **Neu** (1)
> **Norm.ipt** (3)
> **Erstellen** (4)

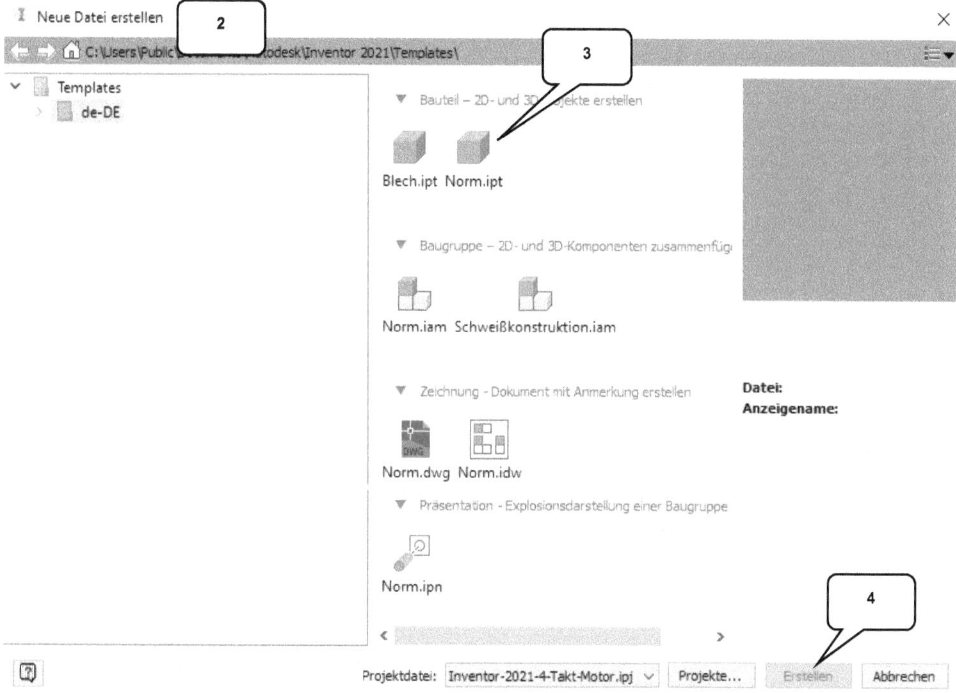

Wurden die Einstellungen in den Anwendungsoptionen korrekt übernommen, so erzeugt das Programm jetzt automatisch eine neue 2D-Skizze auf der XY-Ebene und wechselt danach in den Skizzenbereich.

HINWEIS: Sollte sich der **Skizzenbereich** nicht automatisch öffnen (das Bauteil wird im **Modellbereich** geöffnet), dann müssten die Einstellungen der Anwendungsoptionen korrigiert werden: Registerkarte: **Datei > Optionen** > Karte: **Bauteil** > Aktivieren: **Skizze auf XY-Ebene**. Der Schritt **Erstellen einer neuen Bauteildatei** sollte danach wiederholt werden.

6.1.2 Das Register SKIZZE im Überblick

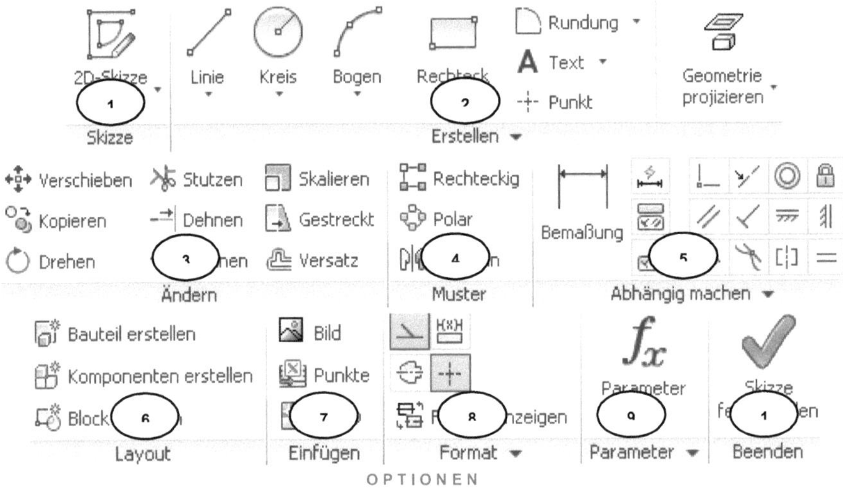

1) Erzeugen einer neuen Skizze (2D/3D)
2) Erstellen neuer Zeichenobjekte
3) Bearbeiten von Zeichenobjekten
4) Rechteckige, polare oder gespiegelte Kopien erzeugen
5) Bemaßungen und Abhängigkeiten einfügen

6) Objekte als Bauteile oder Baugruppen exportieren, Gruppieren
7) Bilder, Tabellenpunkte oder Auto-CAD-Zeichnungen importieren
8) Eigenschaften von Linien, Punkten und Bemaßungen ändern
9) Parametermanager starten
10) Skizze beenden

6.1.3 Projizieren der drei Hauptachsen

Bauteile und Baugruppen verfügen über eigene Koordinatensysteme mit den **Hauptachsen** (X, Y, Z) und den **Hauptebenen** (XY, XZ, YZ). Auf den Ebenen können neue Skizzen erzeugt werden und die Achsen dienen u. a. zur Ausrichtung geometrischer Zeichenelemente im Skizzenbereich. Grundlegend sollten alle Objekte im Skizzenbereich am Koordinatensystem ausgerichtet und auch möglichst symmetrisch dazu gezeichnet werden denn es vereinfacht die Konstruktion eines Bauteils und eröffnet dem Anwender in späteren Konstruktionsschritten viele neue Möglichkeiten.

HINWEIS: Die Hauptachsen sollten stets nur als „Hilfslinien" in einer neuen Skizze dargestellt werden, da es ansonsten zu Problemen in späteren Arbeitsschritten kommen kann. *Datei > Optionen > Skizze > Objekte als Konstruktionsgeometrie projizieren* (siehe Kapitel 4.4).

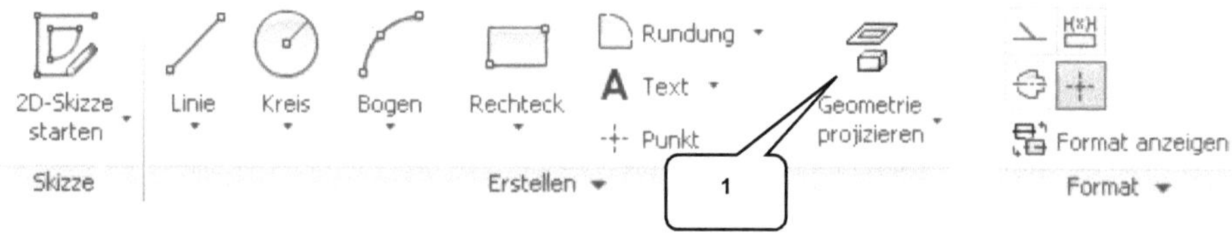

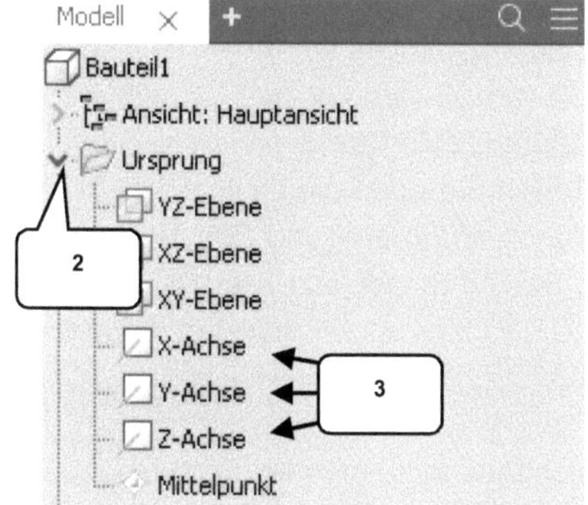

Die Koordinatenachsen eines Bauteils sollten im ersten Schritt in den Skizzenbereich übertragen werden. Das geht am einfachsten, wenn die Achsen projiziert werden.

Mit der folgenden Anleitung werden die Koordinatenachsen jetzt als Hilfslinien in den Skizzenbereich übertragen und können dann als Referenz genutzt werden.

> Geometrie projizieren (1)
> Ordner **Ursprung** erweitern (2)
> 3 Achsen nacheinander anklicken (3)

> Taste: **ESC** drücken (Beendet den Befehl Geometrie projizieren)

6.1.4 Zeichnen der ersten Linien

Nachdem das Koordinatensystem in den Skizzenbereich übernommen wurde (zwei gelbe und wahrscheinlich sehr schlecht zu erkennende gestrichelte Linien) kann mit dem Zeichnen der ersten Kontur begonnen werden.

Starten Sie hierfür den Befehl / **Linie** (1).

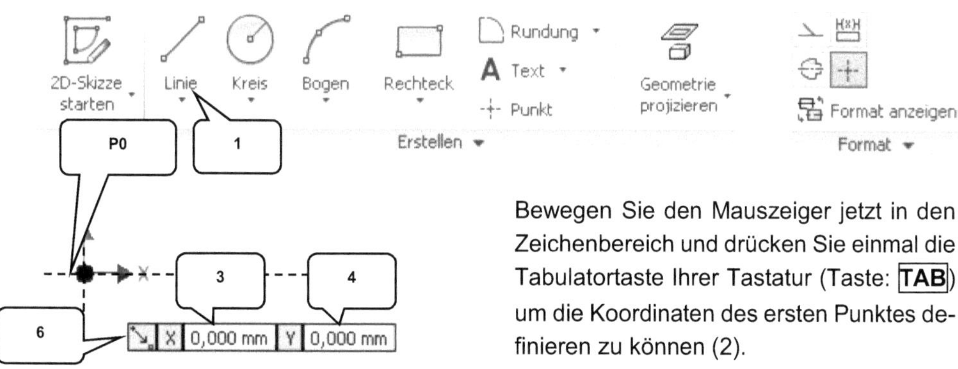

Bewegen Sie den Mauszeiger jetzt in den Zeichenbereich und drücken Sie einmal die Tabulatortaste Ihrer Tastatur (Taste: **TAB**) um die Koordinaten des ersten Punktes definieren zu können (2).

Tragen Sie für die X-Koordinate den Wert *0 mm* (3) ein und drücken Sie danach erneut die Taste: TAB . Das Programm erwartet jetzt die Eingabe der Y-Koordinate und auch hier ist der Wert *0 mm* (4) einzutragen. Wird die Eingabe im Anschluss daran mit der Taste: ENTER bestätigt, platziert das Programm den ersten Linienpunkt.

HINWEIS: An dieser Stelle sollten Sie einmal kurz kontrollieren, ob auch tatsächlich die Maß-einheit *mm* in den Feldern (3) und (4) angezeigt wird. Leider kommt es bei der Installation ab und an vor, dass hier in *Zoll* statt in *Millimeter* eingeteilt wird. Sollte das der Fall sein, dann gehen Sie bitte wie folgt vor: Wählen Sie in der Registerkarte *Extras* den Befehl *Anwen-dungsoptionen* und aktivieren Sie die Karte *Datei*. Starten Sie darin die Option *Vorgabe-vorlage konfigurieren* und aktivieren Sie hier die Optionen *Millimeter* und *DIN*. Bestätigen Sie danach mit *Überschreiben* und *OK*. Das aktuelle Bauteil musst jetzt allerdings wieder geschlossen werden, um ein neues Bauteil zu öffnen. Die Einstellungen müssten darin ent-halten sein.

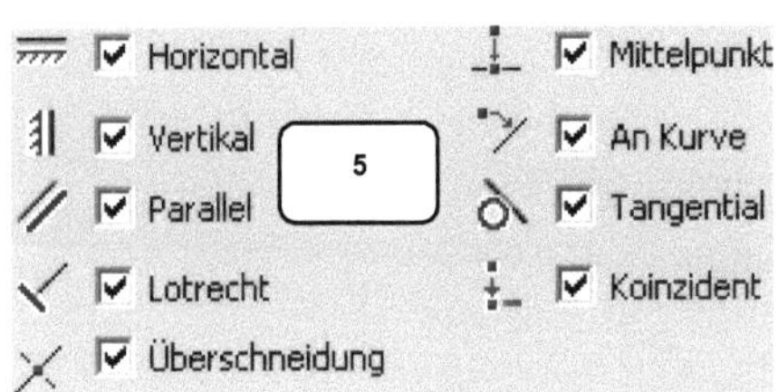

Im Zeichenbereich gibt es verschiedene Abhängigkeiten, die dabei helfen können, Zeichenelemente auszurichten, zu platzie-ren und zuzuordnen (5). Die folgenden Ab-hängigkeiten stehen dabei zur Verfügung:

- > *Horizontal*   eine Linie wird parallel zur X-Achse ausgerichtet
- > *Vertikal*   eine Linie wird parallel zur Y-Achse ausgerichtet
- > *Parallel*   zwei Linien werden parallel zueinander ausgerichtet
- > *Lotrecht*   zwei Linien werden in einem Winkel von 90° zueinander angeordnet
- > *Überschneidung*   ein Punkt wird am Schnittpunkt zweier Objekte befestigt
- > *Mittelpunkt*   ein Punkt wird am Mittelpunkt eines Objekts (Linie/ Bogen) befestigt
- > *An Kurve*   ein Punkt wird auf einen Strahl gelegt
- > *Tangential*   zwei Objekte werden tangential aneinander befestigt
- > *Koinzident*   zwei Punkte werden aufeinandergelegt

HINWEIS: Beim Zeichnen sollte stets darauf geachtet werden, ob das Programm eine dieser Abhängigkeiten anzeigt, z. B. (6). Wird an dieser Stelle dann mit der *linken Maustaste* ge-klickt, wird die angezeigte Abhängigkeit automatisch in den Skizzenbereich übernommen. Das ist nicht immer erwünscht, denn es kann später beim Bemaßen zu einigen Fehlermel-dungen führen.

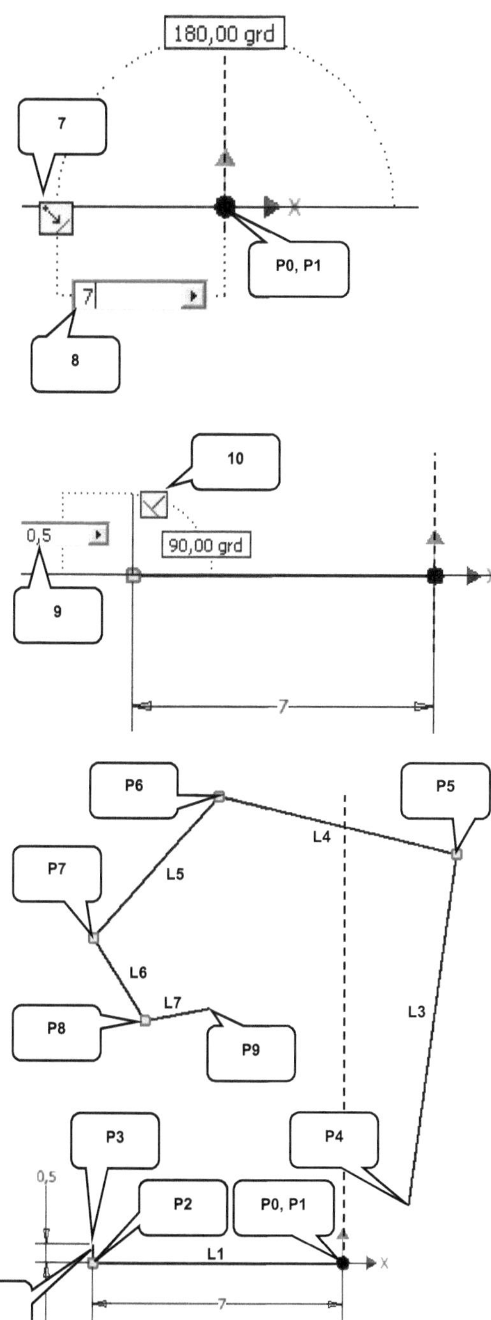

Der erste Punkt der Linie (P1) wurde bereits im Koordinatenursprung (P0) abgelegt und das Programm erwartet jetzt weitere Eingaben. Ziehen Sie die Maus gerade und entlang der projizierten X-Achse nach links (Koinzident (7) sollte angezeigt werden) und tragen Sie in das Eingabefeld für die Linienlänge (8) den Wert **7 mm** ein. Sobald die Eingabe mit der Taste: **ENTER** bestätigt wird, sollte die Linie in der gewünschten Länge erzeugt und weiterhin um eine Bemaßung ergänzt worden sein.

Ziehen Sie die Maus in gerader Linie nach oben und tragen Sie in das Eingabefeld der Linienlänge den Wert **0,5 mm** ein (9). Achten Sie darauf, dass dabei das Symbol der Abhängigkeit Lotrecht (10) angezeigt wird.

Bestätigen Sie die Eingabe mit der Taste: **ENTER** und beenden Sie den Zeichenbefehl mit der Taste: **ESC**.

Starten Sie den Linienbefehl erneut und zeichnen Sie fünf zusammenhängende Linien durch Setzen einzelner Linienpunkte (P4...P9), d. h. mit der linken Maustaste ohne die Tastatur. Alle Linien sind leicht schräg zu zeichnen, so wie in der linken Abbildung dargestellt. Achten Sie diesmal darauf, dass beim Ablegen der Punkte <u>keine</u> Abhängigkeiten angezeigt werden.

➢ Linie
➢ (P4) mit linker Maustaste frei ablegen
➢ (P5) mit linker Maustaste frei ablegen
➢ (P6) mit linker Maustaste frei ablegen
➢ (P7) mit linker Maustaste frei ablegen
➢ (P8) mit linker Maustaste frei ablegen

7   BAUGRUPPEN

7.1   Unterbaugruppe: BG_Kolben

7.1.1   Erzeugen der ersten Baugruppe

Erstellen Sie eine neue Baugruppe aus der Vorlage **Norm.iam** und **speichern** Sie sie unter der Bezeichnung **BG_Kolben**.

> ⬜ Neu
> 🔧 **Norm.iam** (1)
> Erstellen **Erstellen**
> 💾 Speichern [BG_Kolben]

7.1.2   Das Register ZUSAMMENFÜGEN im Überblick

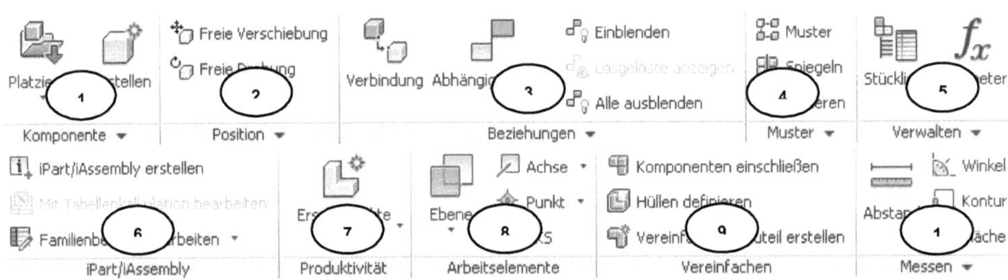

1) Bauteile, Baugruppen oder Normteile aus dem Inhaltscenter einfügen; neue Bauteile erstellen; vorhandene Bauteile kopieren/ anordnen oder ersetzen
2) Komponentenposition/ -lage ändern
3) Abhängigkeiten/ Verbindungen setzen
4) Elemente anordnen, kopieren oder spiegeln

5) Parametermanager
6) Teilefamilien (iParts/ iAssemblys)
7) Bauteilstrukturen organisieren
8) Ebenen, Achsen, Punkte erzeugen
9) Bauteile vereinfachen
10) Abstände, Winkel, Konturen, Flächeninhalte berechnen

7.1.3 Komponenten platzieren

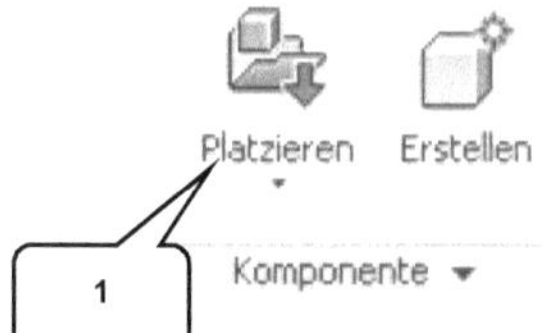

Der Befehl **Platzieren** (1) fügt neue Komponenten in eine Baugruppe ein. Die erste Komponente, die in eine Baugruppe eingefügt wird, sollte möglichst starr sein, d. h. sie sollte innerhalb der Baugruppe keine Bewegungen ausführen mussen. Sie ist am Koordinatenursprung der Baugruppe zu fixieren.

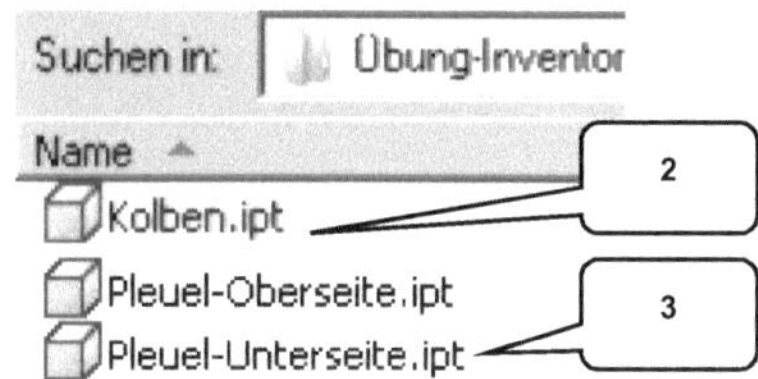

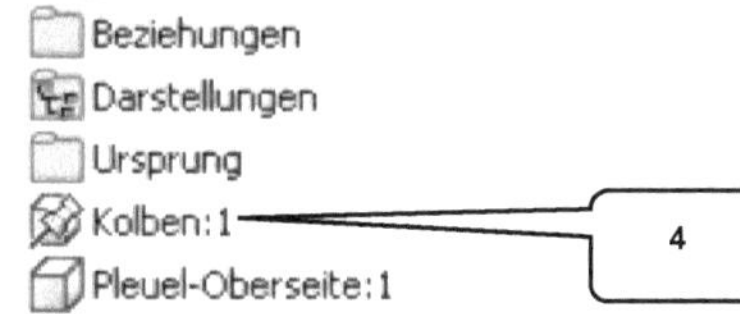

> **Platzieren** (1)
> Auswahl: Kolben (2)
> Öffnen *Öffnen*
> Taste: ESC

Der Kolben sollte vom Programm automatisch am Koordinatenursprung der Baugruppe ausgerichtet und dort fixiert worden sein (sofern die Anwendungseinstellungen im Bereich *Baugruppe* korrekt übernommen wurden), was durch ein kleines *Pin-Symbol* (4) im Browser symbolisiert wird. Fügen Sie jetzt weitere Bauteile in die Baugruppe ein.

> **Platzieren** (1)
> Auswahl: Pleuel-Oberseite, Pleuel-Unterseite (3)
> Öffnen *Öffnen*
> Die Bauteile einmal mit der linken Maustaste frei ablegen
> Taste: ESC

7.1.4 Kolben und Pleueloberseite voneinander abhängig machen

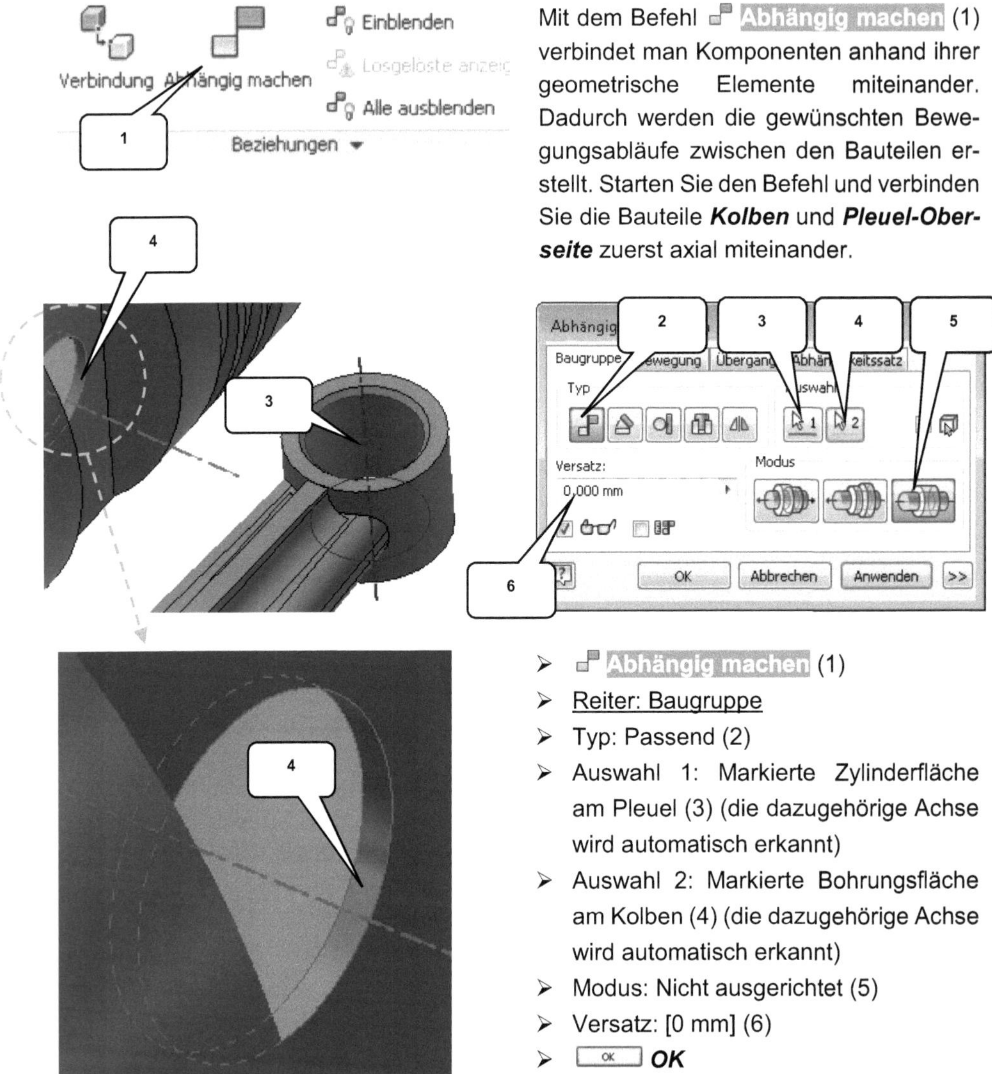

Mit dem Befehl **Abhängig machen** (1) verbindet man Komponenten anhand ihrer geometrische Elemente miteinander. Dadurch werden die gewünschten Bewegungsabläufe zwischen den Bauteilen erstellt. Starten Sie den Befehl und verbinden Sie die Bauteile **Kolben** und **Pleuel-Oberseite** zuerst axial miteinander.

> **Abhängig machen** (1)
> Reiter: Baugruppe
> Typ: Passend (2)
> Auswahl 1: Markierte Zylinderfläche am Pleuel (3) (die dazugehörige Achse wird automatisch erkannt)
> Auswahl 2: Markierte Bohrungsfläche am Kolben (4) (die dazugehörige Achse wird automatisch erkannt)
> Modus: Nicht ausgerichtet (5)
> Versatz: [0 mm] (6)
> **OK**

HINWEIS: Die Achse einer Bohrung oder eines zylindrischen Elements wird ausgewählt, indem mit der linken Maustaste auf die dazugehörige zylindrische bzw. konische Fläche geklickt wird. Die entsprechende Rotationsachse wird danach vom Programm automatisch ermittelt und angezeigt.

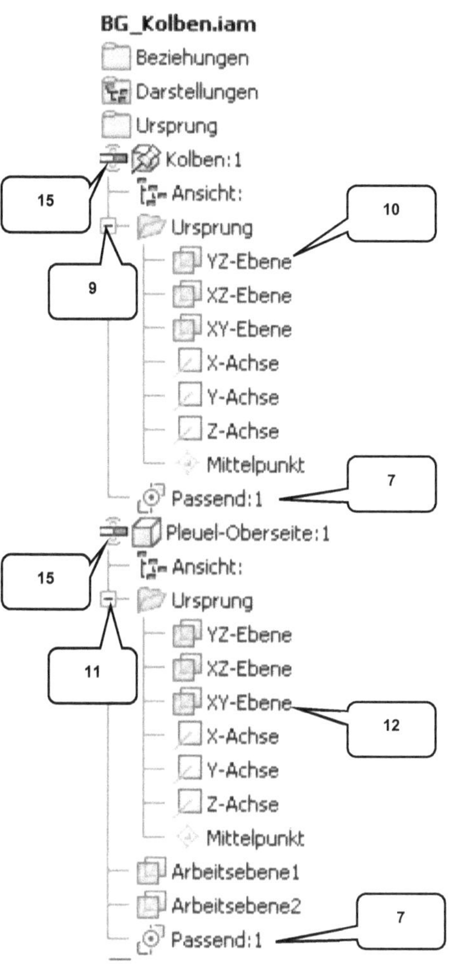

Die soeben erstellte axiale Abhängigkeit wird den zugehörigen Komponenten im Browser zugeordnet. Werden im Browser die Bauteil **Kolben** oder **Pleuel-Oberseite** erweitert, findet man darin die soeben erzeugte Abhängigkeit **Passend** (7).

HINWEIS: Um eine Abhängigkeit zu bearbeiten, klickt man mit der **rechten Maustaste** darauf und wählt die Option **Bearbeiten** (**Löschen** ist zu verwenden, um Abhängigkeit wieder zu entfernen).

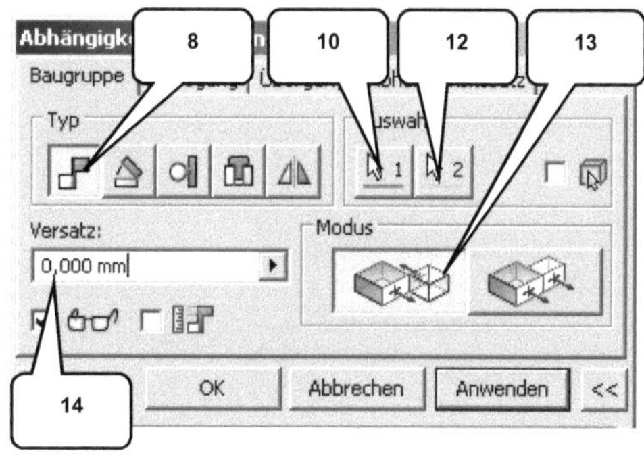

> **Abhängig machen**
> Reiter: Baugruppe
> Typ: Passend (8)
> Ordner **Ursprung** (Kolben) erweitern (9)
> Auswahl 1: YZ-Ebene (Kolben) (10)
> Ordner **Ursprung** (Pleuel-Oberseite) erw. (11)
> Auswahl 2: XY-Ebene (Pleuel-Oberseite) (12)
> Modus: Passend (13)
> Versatz: 0 mm (14)
> OK **OK**

Weil das Programm Kollisionen zwischen Komponenten nicht selbstständig erkennt, kann das Pleuel derzeit noch problemlos durch den Kolben hindurchbewegt werden. Um diesen Fehler zu beheben, dreht man es zuerst so, dass es nicht mehr mit dem Kolben kollidiert. Danach klickt man mit der **rechten Maustaste** auf das Bauteil **Pleuel-Oberseite** und aktiviert im Kontextmenü den **Kontaktsatz**. Der Vorgang ist am Bauteil **Kolben** zu wiederholen. Bei beiden Komponenten sollte danach im Browser auch das Symbol **Kontaktsatz** (15) angezeigt werden, was die neue Einstellung bestätigt.

8   ZEICHNUNGSABLEITUNGEN

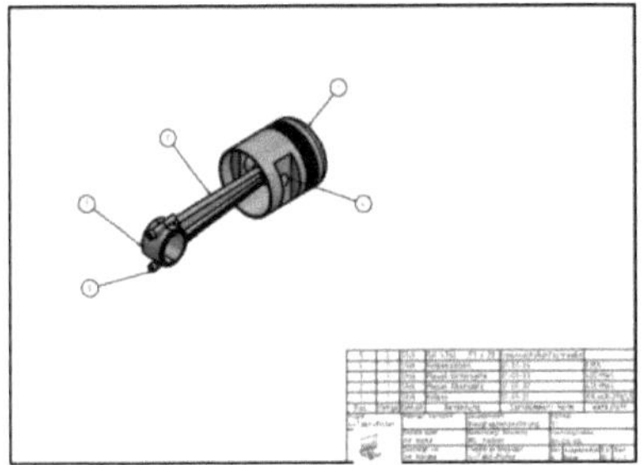

Ein vollständiger **Zeichnungssatz** besteht in der Regel aus einer Baugruppenzeichnung samt Positionsnummern, der Stückliste und den einzelnen Bauteilzeichnungen. Er dokumentiert alle Details der dargestellten Bauteile und bildet somit einen wichtigen Grundstein für deren spätere Fertigung.

8.1   Öffnen der vorhandenen Zeichnungsvorlage

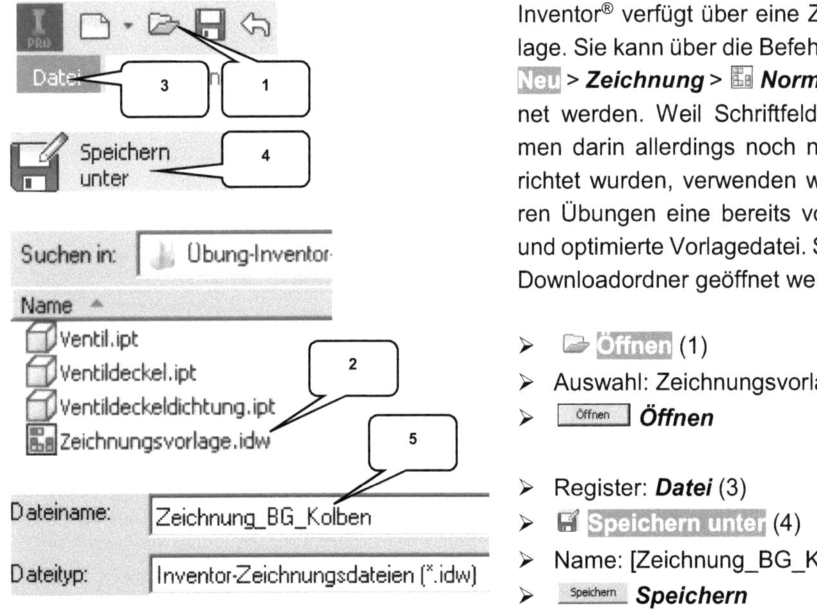

Inventor® verfügt über eine Zeichenvorlage. Sie kann über die Befehlskette: [ ] **Neu** > **Zeichnung** > **Norm.idw** geöffnet werden. Weil Schriftfeld und Rahmen darin allerdings noch nicht eingerichtet wurden, verwenden wir in unseren Übungen eine bereits vorgefertigte und optimierte Vorlagedatei. Sie kann im Downloadordner geöffnet werden.

> ⮞ **Öffnen** (1)
> ⮞ Auswahl: Zeichnungsvorlage.idw (2)
> ⮞ Öffnen **Öffnen**
>
> ⮞ Register: **Datei** (3)
> ⮞ **Speichern unter** (4)
> ⮞ Name: [Zeichnung_BG_Kolben] (5)
> ⮞ Speichern **Speichern**

HINWEIS: Das **Speichern** der Zeichnung **unter** einer anderen Bezeichnung soll verhindern, dass die Zeichnungsvorlage ungewollt überschieben wird. Alternativ kann auch ein eigenes Template in Inventor erzeugt werden: Bei geöffneter Datei **Zeichnungsvorlage.idw** wäre dafür der Pfad: **Hauptmenü** > **Kopie als Vorlage speichern** auszuwählen. Die Vorlage könnte danach dann jederzeit ganz einfach über den Befehl **Neu** geöffnet werden, um z. B. eine neue Zeichnungsableitung zu erstellen.

8.2 Das Register ANSICHTEN PLATZIEREN im Überblick

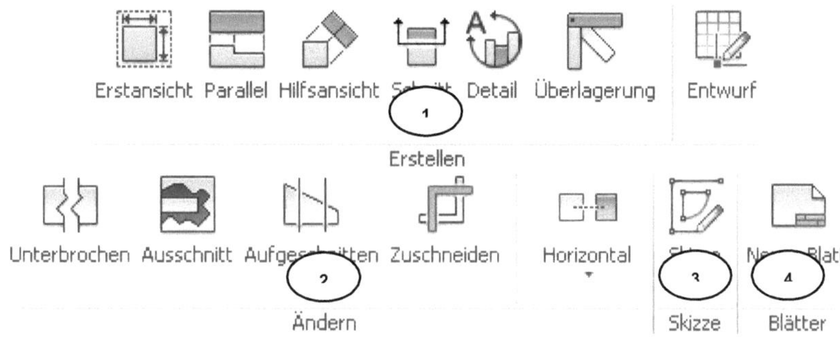

1) Erstellen neuer Ansichten	3) Erstellen einer 2D-Skizze
2) Bearbeiten vorhandener Ansichten	4) Erstellen weiterer Blätter

8.3 Das Register MIT ANMERKUNG VERSEHEN im Überblick

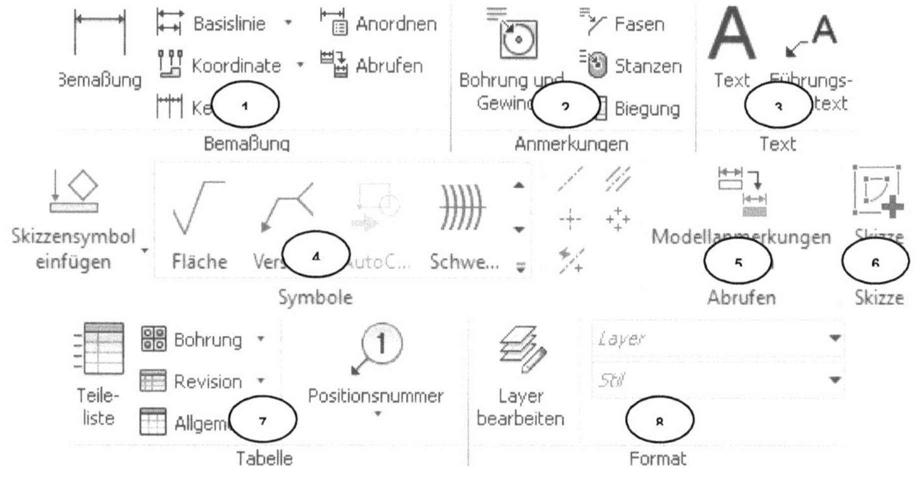

1) Bemaßungen erzeugen	4) Symbole und Markierungen einfügen
2) Informationen von Bohrungen, Fasen und Biegungen abrufen	5) 2D-Skizze; 6) Modellmaße abrufen
3) Textfelder/ Führungslinien einfügen	7) Tabellen und Positionsnummern
	8) Linien, Texte, Layer einstellen

8.4 Zeichnungsableitung der Baugruppe: BG_Kolben
8.4.1 Blattformat und Schriftfeld bearbeiten

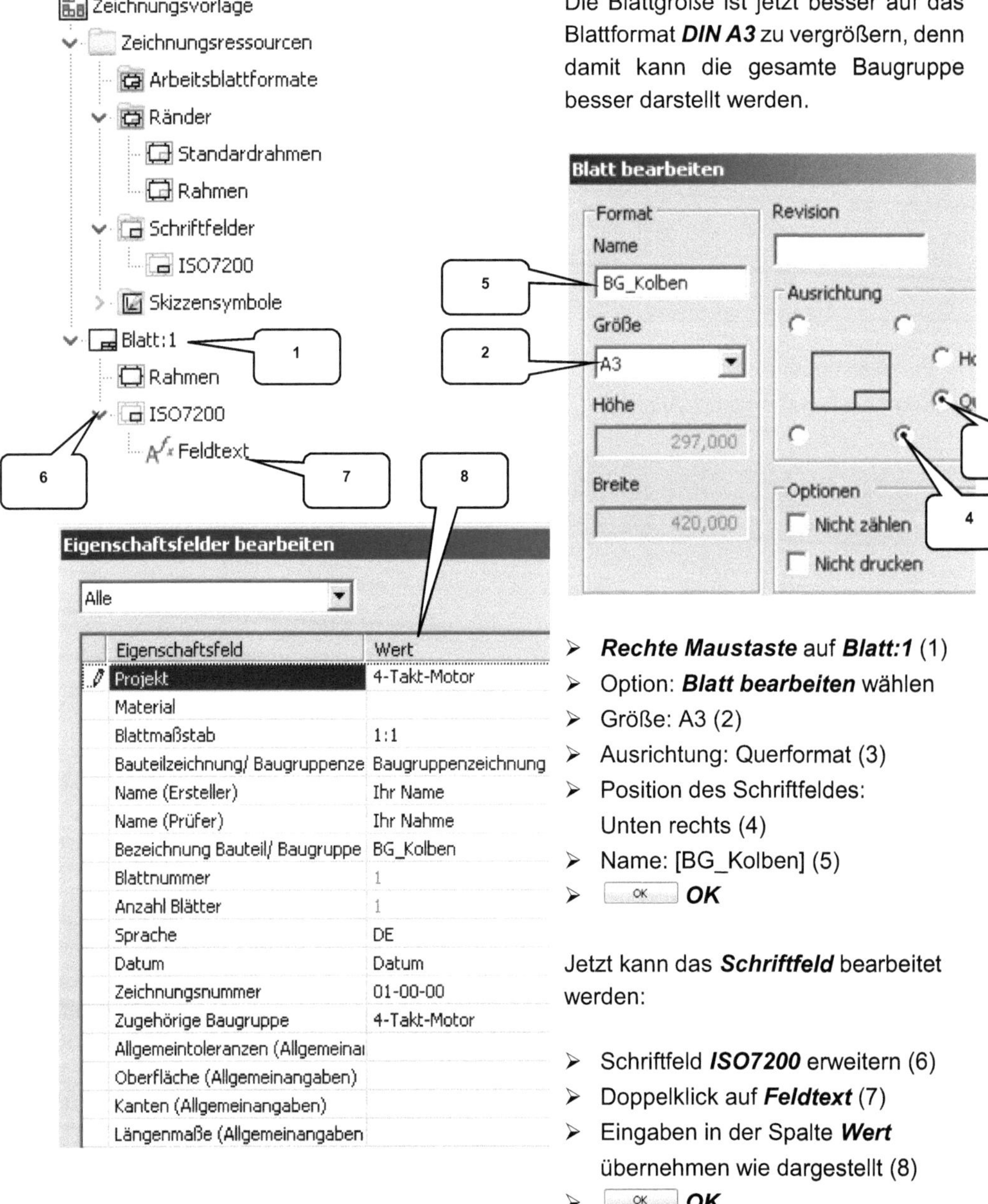

Die Blattgröße ist jetzt besser auf das Blattformat *DIN A3* zu vergrößern, denn damit kann die gesamte Baugruppe besser darstellt werden.

Eigenschaftsfeld	Wert
Projekt	4-Takt-Motor
Material	
Blattmaßstab	1:1
Bauteilzeichnung/ Baugruppenze	Baugruppenzeichnung
Name (Ersteller)	Ihr Name
Name (Prüfer)	Ihr Nahme
Bezeichnung Bauteil/ Baugruppe	BG_Kolben
Blattnummer	1
Anzahl Blätter	1
Sprache	DE
Datum	Datum
Zeichnungsnummer	01-00-00
Zugehörige Baugruppe	4-Takt-Motor
Allgemeintoleranzen (Allgemeinar	
Oberfläche (Allgemeinangaben)	
Kanten (Allgemeinangaben)	
Längenmaße (Allgemeinangaben	

> *Rechte Maustaste* auf *Blatt:1* (1)
> Option: *Blatt bearbeiten* wählen
> Größe: A3 (2)
> Ausrichtung: Querformat (3)
> Position des Schriftfeldes:
>   Unten rechts (4)
> Name: [BG_Kolben] (5)
> ⬚ OK *OK*

Jetzt kann das *Schriftfeld* bearbeitet werden:

> Schriftfeld *ISO7200* erweitern (6)
> Doppelklick auf *Feldtext* (7)
> Eingaben in der Spalte *Wert* übernehmen wie dargestellt (8)
> ⬚ OK *OK*

8.4.2 Platzieren einer schattierten Ansicht

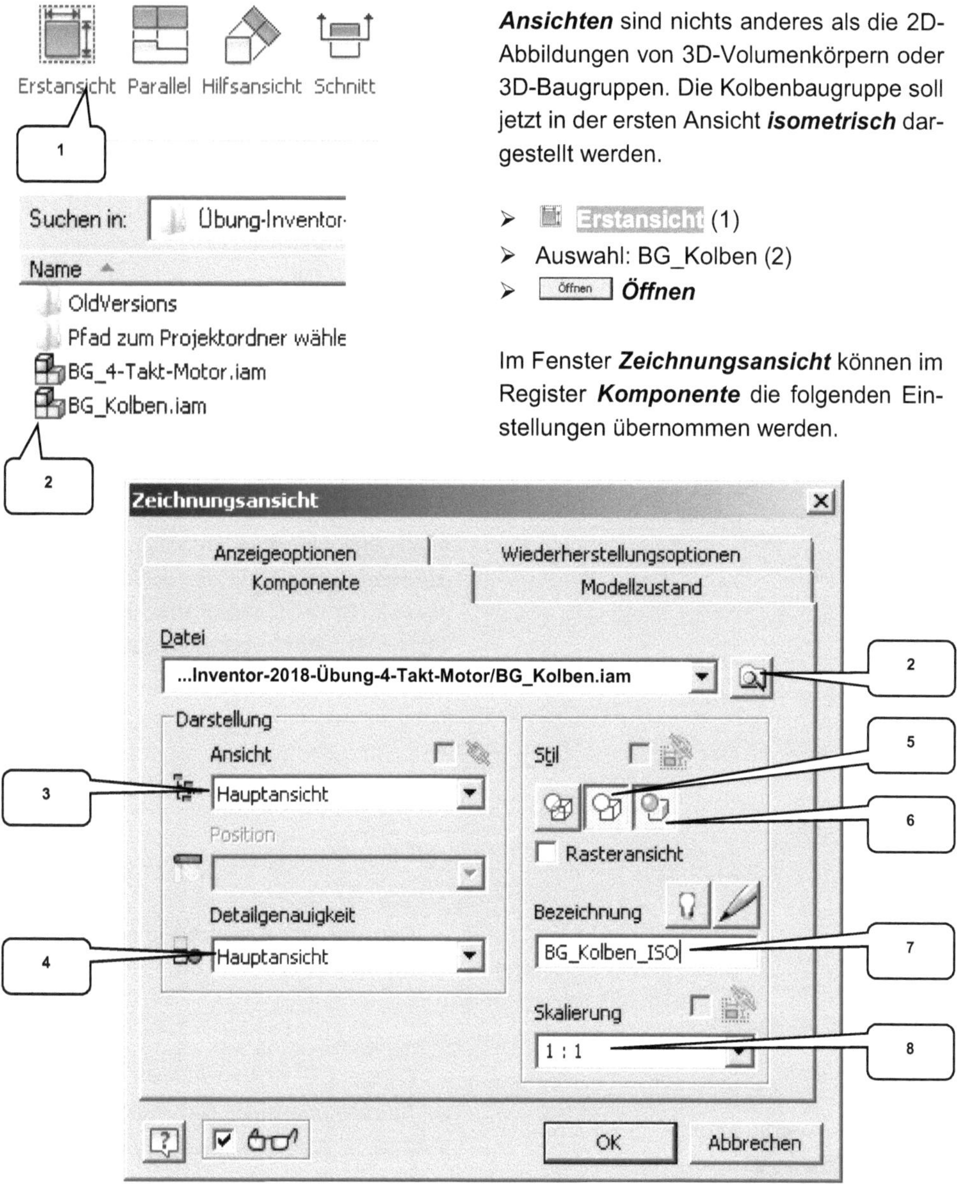

Ansichten sind nichts anderes als die 2D-Abbildungen von 3D-Volumenkörpern oder 3D-Baugruppen. Die Kolbenbaugruppe soll jetzt in der ersten Ansicht *isometrisch* dargestellt werden.

➤   Erstansicht (1)

➤   Auswahl: BG_Kolben (2)

➤   Öffnen | *Öffnen*

Im Fenster **Zeichnungsansicht** können im Register **Komponente** die folgenden Einstellungen übernommen werden.

HINWEIS: Im Zeichenbereich sollte die Baugruppe *BG_Kolben* bereits zu sehen sein. Eventuell liegt es hinter dem Befehlsfenster, was in diesem Fall etwas verschoben werden kann.

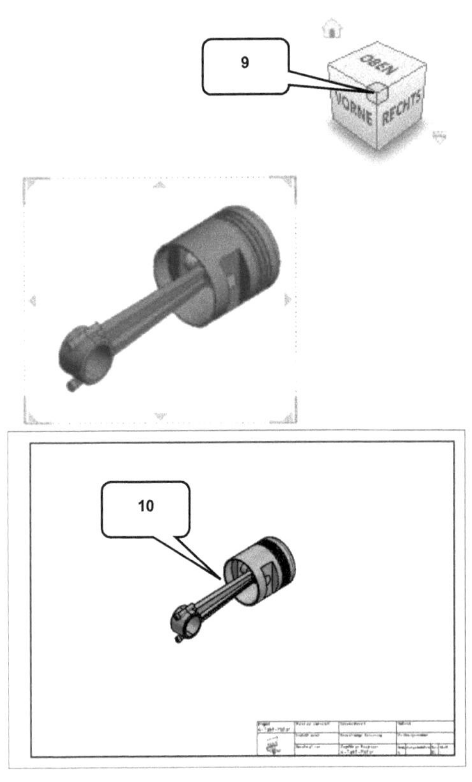

- ➢ Ansicht: Hauptansicht (3)
- ➢ Detailgenauigkeit: Hauptansicht (4)
- ➢ Stil: Ohne verdeckte Linien (5) und Schattiert (6)
- ➢ Bezeichnung: [BG_Kolben_ISO] (7)
- ➢ Skalierung: 1:1 wählen (8)
- ➢ ViewCube-Ansicht: Ecke zwischen den Seiten Oben, Vorne und Rechts anklicken (9)
- ➢ OK **OK**

Die Maus ist jetzt über die Ansicht zu schieben, bis ein roter Rahmen erscheint. Bei gedrückter linker Maustaste darauf kann diese Ansicht jetzt wie gewünscht verschoben werden (10).

HINWEIS: Um eine Ansicht nachträglich zu bearbeiten ist mit der **_rechten Maustaste_** im Browser darauf zu klicken und die Option **_Ansicht bearbeiten_** auszuwählen.

8.4.3 Einfügen einer Teileliste (Stückliste)

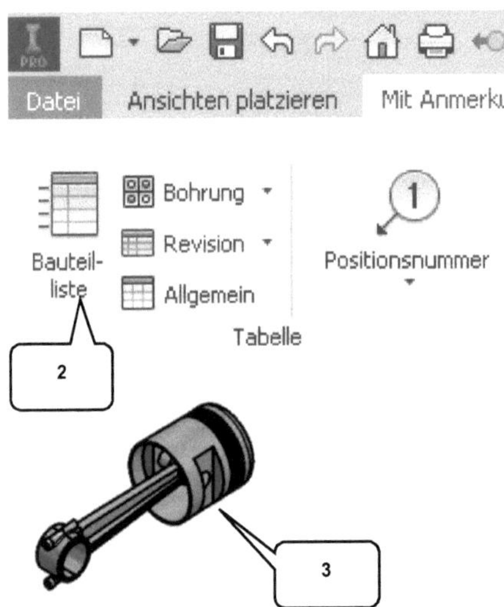

- ➢ Register: **_Mit Anmerkung versehen_** (1)
- ➢ Bauteilliste (2)
- ➢ Quelle: BG_Kolben-Ansicht wählen (3)
- ➢ Stücklistenansicht: Strukturiert (4)
- ➢ Ebene: Erste (wenn verfügbar) (5)
- ➢ Min. Stellen: 1 (wenn verfügbar) (6)
- ➢ Umbruchrichtung: Links (7)
- ➢ OK **OK**

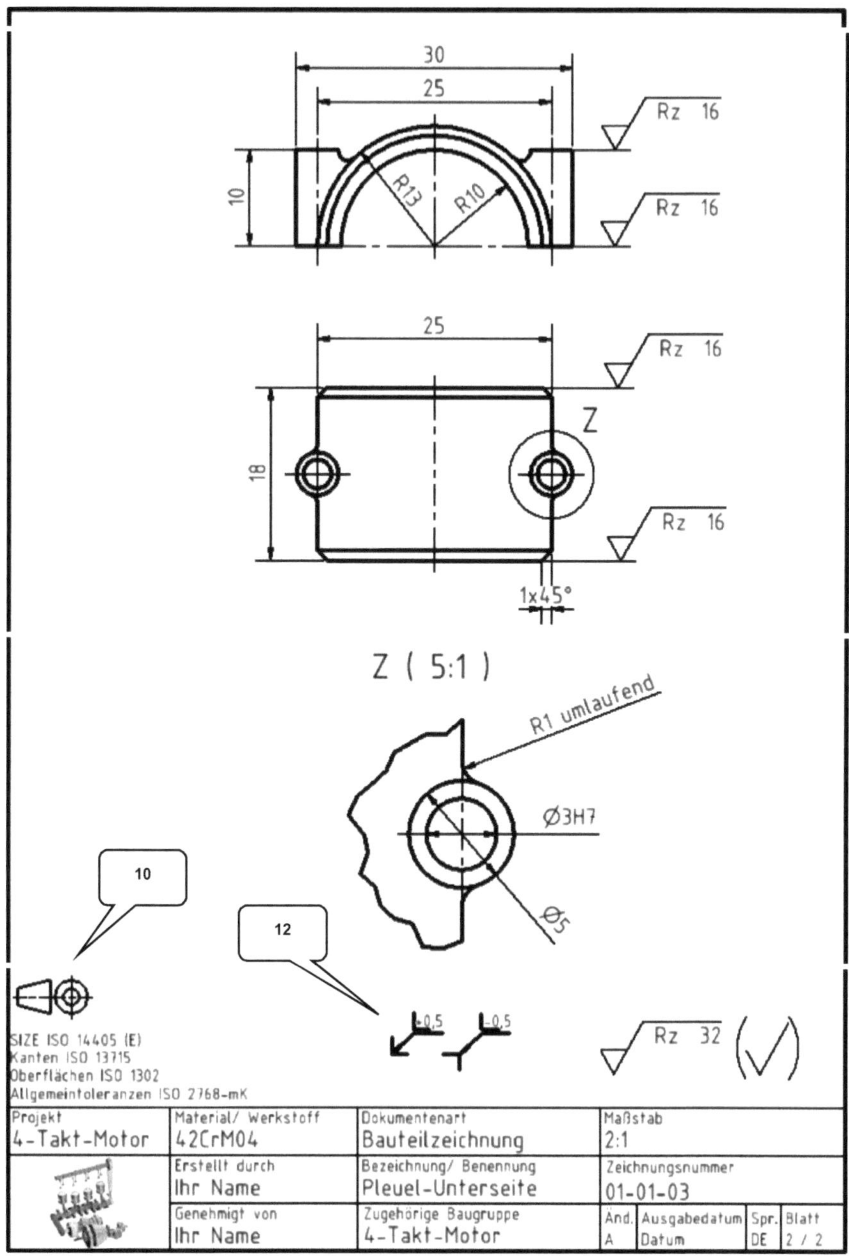

Speichern Sie die Datei, **schließen** Sie sie und verlassen Sie damit den Bereich der Zeichnungsableitung.

9   PRÄSENTATION / Explosionsdarstellung

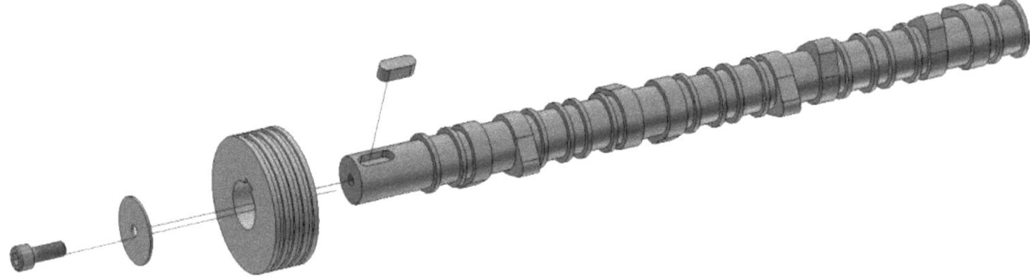

9.1   Erstellen einer neuen Präsentation

Erstellen Sie eine **Präsentation** aus der Vorlage **Norm.ipn**. Das Programm wird automatisch nach der darzustellenden Baugruppe fragen, indem es das Fenster **Einfügen** öffnet. Wählen Sie darin die Datei **BG_Nockenwelle** (Projektordner) und speichern Sie die Datei danach unter derselben Bezeichnung, nur als Präsentation.

> ☐ Neu
> ✐ **Norm.ipn** (1)
> Erstellen **Erstellen**
> Auswahl: BG_Nockenwelle (1)
> Öffnen **Öffnen**
> 🖫 Speichern [BG_Nockenwelle]

HINWEIS: Sollte das Fenster **Einfügen** nach dem Öffnen der Präsentationsdatei nicht automatisch erscheinen, so kann alternativ der Befehl 🖫 Modell einfügen aktiviert werden.

9.2   Das Register PRÄSENTATION im Überblick

Präsentationen dienen zur Darstellung des Montage- bzw. Demontageprozesses von Baugruppen, wobei die Komponenten in beliebiger Reihenfolge verschoben werden können. Im Ergebnis entsteht ein Bewegungsablauf, der auch als Video gespeichert werden kann und jede beliebige Position der Baugruppe kann zusätzlich als Bildschirmabgriff gespeichert werden, oder direkt in den Bereich der Zeichnungsableitung übertragen werden.

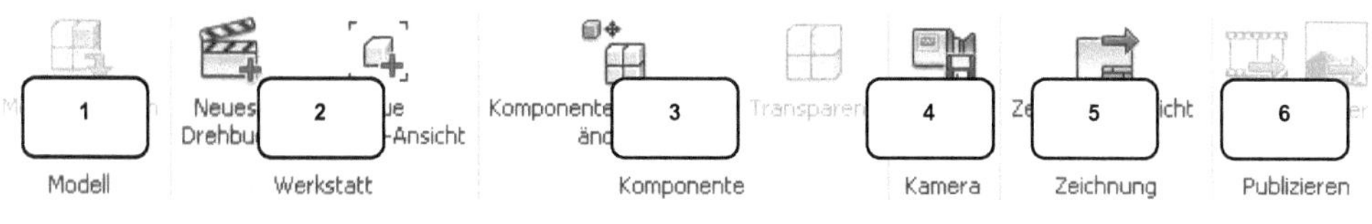

1) Baugruppen platzieren
2) Animationsabläufe definieren
3) Komponentenpositionen ändern

4) Kameraposition ändern
5) Ansicht als Zeichnung ableiten
6) Video erzeugen/ Bild rendern

9.3 Komponentenposition ändern

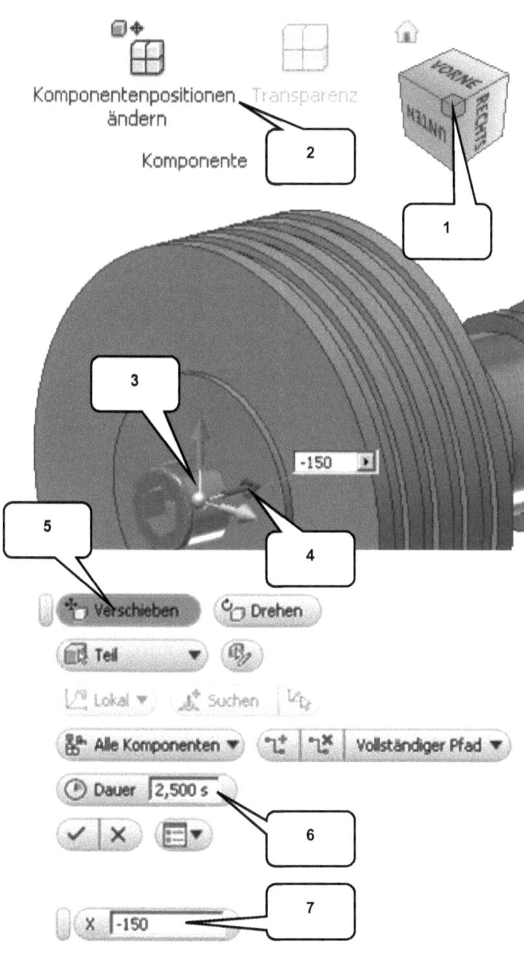

Die Komponenten sind jetzt nacheinander zu verschieben und neu zu positionieren.

> **ViewCube**-Ansicht: Die **ECKE** zwischen den Seiten **VORNE**, **RECHTS** und **UNTEN** (1)

> **Komponentenposition änd.** (2)
> Äußere Zylinderfläche der Schraube wählen (3)
> Pfeil der Z-Achse wählen (4)
> Option: Verschieben (5)
> Dauer: [2,5 s] eintragen (6)
> Abstand: [-150 mm] eintragen (7)
> Taste: **ENTER**

> **Komponentenposition** (2)
> Scheibe an mark. Fläche wählen (8)
> Pfeil der Z-Achse wählen (4)
> Option: Verschieben (5)
> Dauer: [2,5 s] eintragen (6)
> Abstand: [-100 mm] eintragen (9)
> Taste: **ENTER**

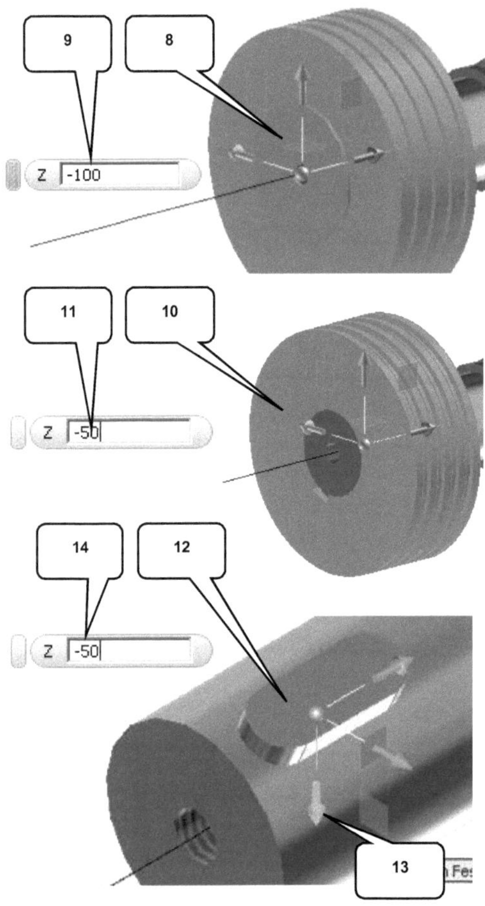

- ➤ **Komponentenposition** (2)
- ➤ Riemenscheibe (10) wählen
- ➤ Pfeil der Z-Achse wählen (4)
- ➤ Option: Verschieben (5)
- ➤ Dauer: [2,5 s] (6)
- ➤ Abstand: [-50 mm] eintragen (11)
- ➤ Taste: ENTER

- ➤ **Komponentenposition** (2)
- ➤ Passfeder (12) wählen
- ➤ Pfeil der Z-Achse wählen (13)
- ➤ Option: Verschieben (5)
- ➤ Dauer: [2,5 s] eintragen (6)
- ➤ Abstand: [-50 mm] eintragen (14)
- ➤ Taste: ENTER

9.4   Drehbucheinstellungen kontrollieren

Nachdem die Passfeder als letzte Komponente von der Nockenwelle entfernt wurde, kann von der Baugruppenmontage ein Video erstellt werden, wofür die Reihenfolge des gesamten Bewegungsablaufes noch einmal zu kontrollieren ist.

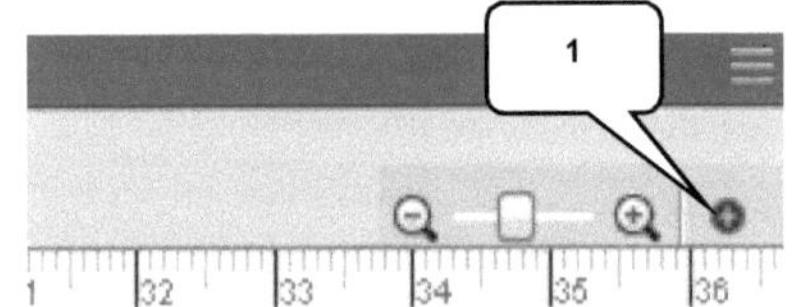

Sollte das *Storybord* (siehe Abbildung der folgenden Seite) noch nicht aktiv sein, muss es ggf. noch per Klick der linken Maustaste auf das Symbol ⊕ (1) aktiviert werden.

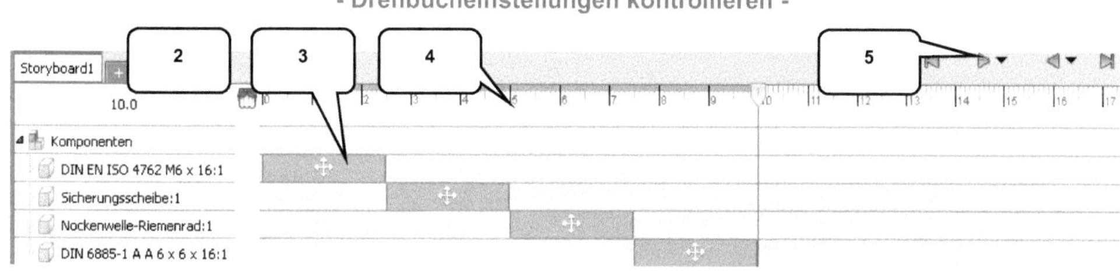

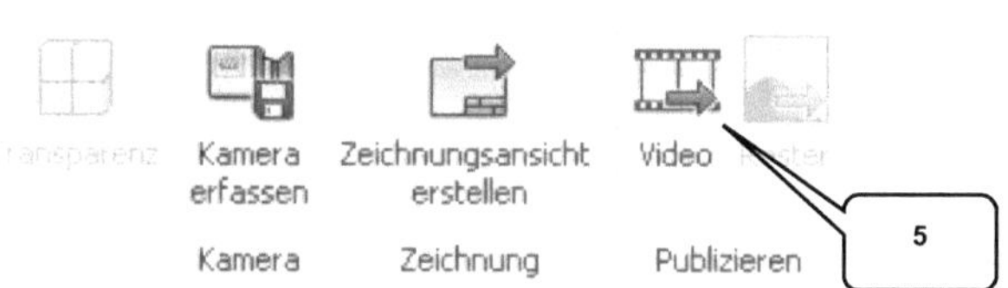

Im **Storybord** (2) werden alle Bewegungsabläufe der einzelnen Komponenten aufgelistet: sie sind hier als blaue Kästchen (3) zu sehen. Sie können verschoben, verlängert oder verkürzt werden, was die Zeitleiste (4) widerspiegelt. ▷ **Starten** Sie die Animation, lassen Sie sie einmal vollständig durchlaufen und erzeugen Sie ein Video.

- ▶ Video (5)
- ▶ Auswahl: Aktuelles.. (6)
- ▶ Auflösung: 1280x1024 (7)
- ▶ Dateiname: Explosion_ BG_Nockenwelle (8)
- ▶ Dateispeicherort: (Projektordner wählen) (9)
- ▶ Format: AVI-Datei (10)
- ▶ Komprimierung: Microsoft Video 1
- ▶ OK

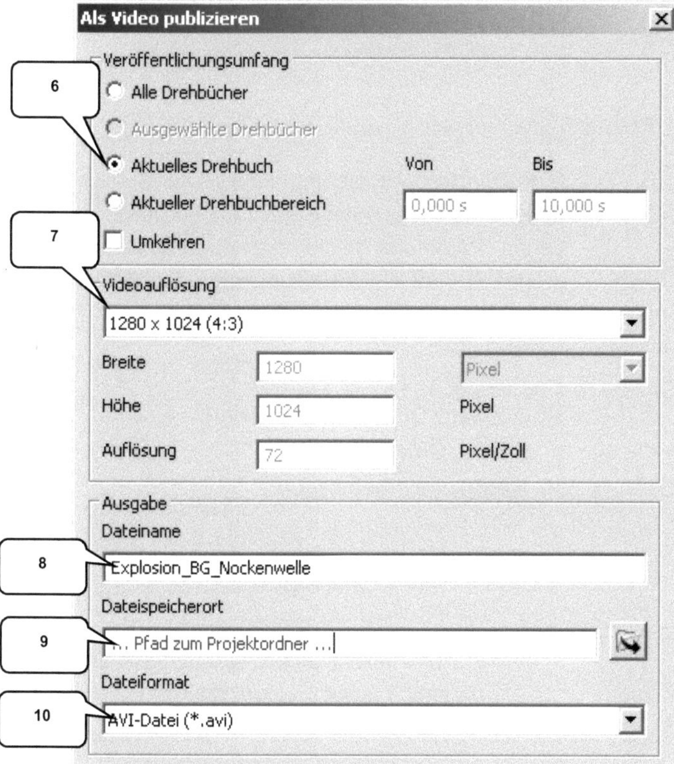

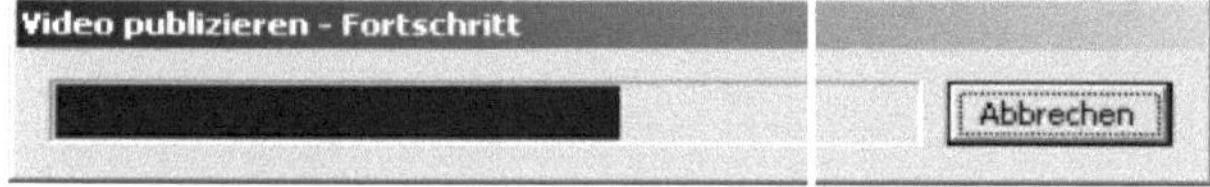

Das Video kann dann über den Arbeitsplatz im Projektordner geöffnet werden. **Speichern** und **schließen** Sie die Datei abschließend.

10 RENDERN eines BILDES

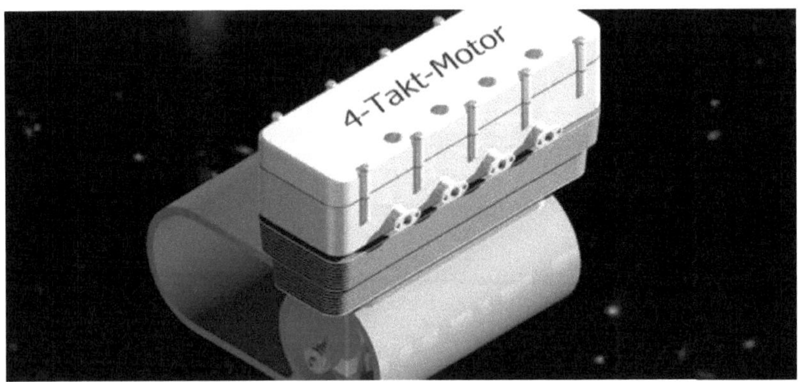

10.1 Inventor Studio

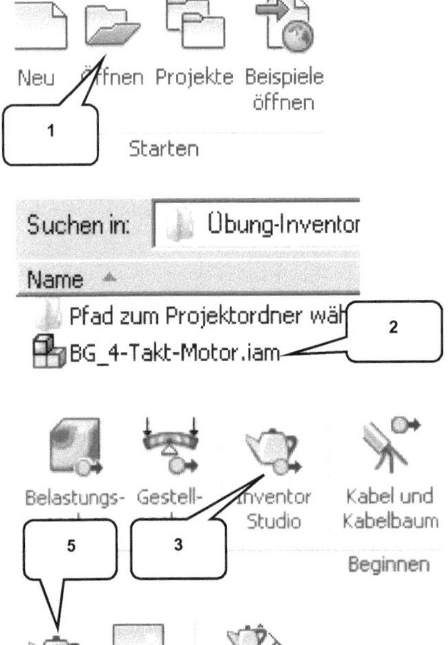

Das **Rendern** ist die fotorealistische Berechnung eines Bildes unter Beachtung der vorgegebenen Parameter (Licht, Farben und Hintergrund). Öffnen Sie die Hauptbaugruppe **BG_4-Takt-Motor** und rendern Sie ein Bild davon.

> ▷   Öffnen (1)
> ▷   Auswahl: BG_4_Takt-Motor (2)
> ▷   Öffnen **Öffnen**
> ▷   Register: **Umgebungen**

> ▷   Register: **Umgebungen**
> ▷   Inventor Studio (3)

> ▷   **ViewCube**-Ansicht: **Ecke** zwischen den Seiten **UNTEN**, **LINKS** und **HINTEN** (4)

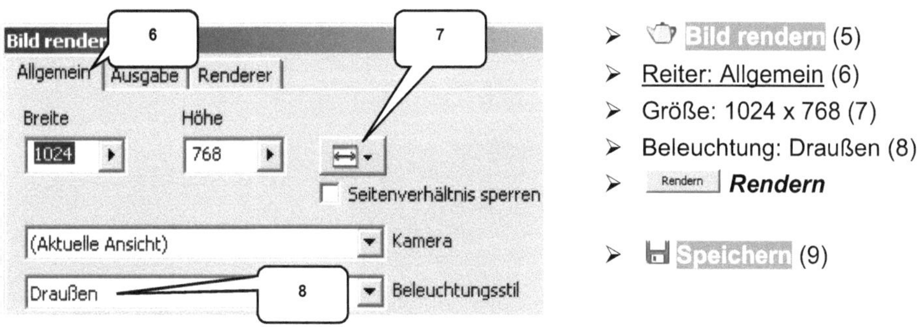

> Bild rendern (5)
> Reiter: Allgemein (6)
> Größe: 1024 x 768 (7)
> Beleuchtung: Draußen (8)
> Rendern **Rendern**

> Speichern (9)

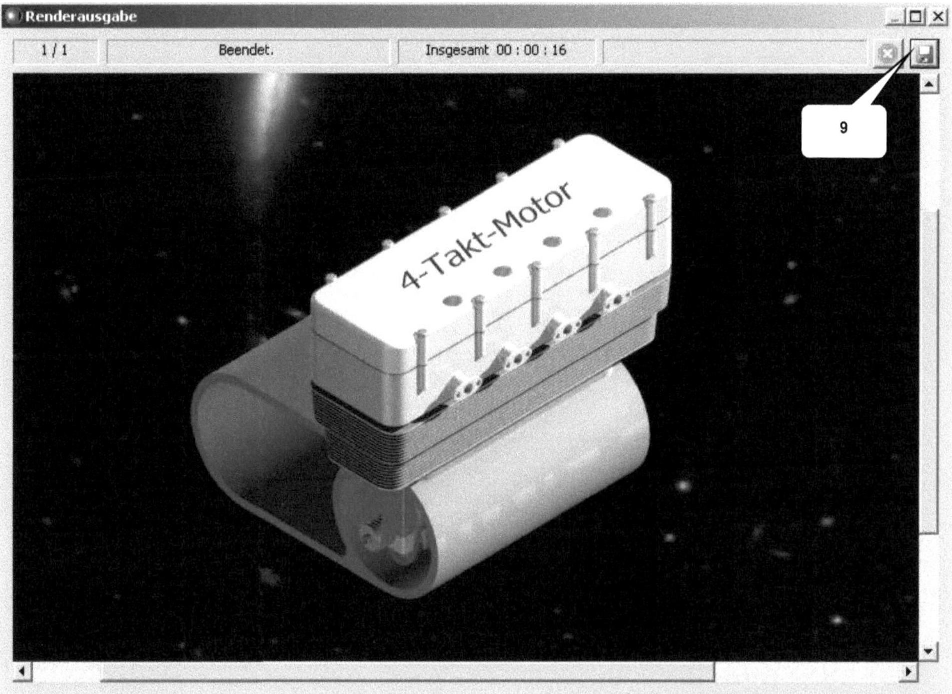

Blenden Sie einige Bauteile wie z. B. *Ventildeckel*, *Zylinderkopf*, *Zylinderblock* und *Motorgehäuse* aus, um auch Aufnahmen vom Inneren der Hauptbaugruppe zu bekommen. Sie können so viele Bilder Ihres Motors renden wie Sie möchten.

Speichern Sie die Hauptbaugruppe danach und *schließen* Sie sie anschließend.

11 BLECHBEARBEITUNG

11.1 Erstellen einer neuen Datei

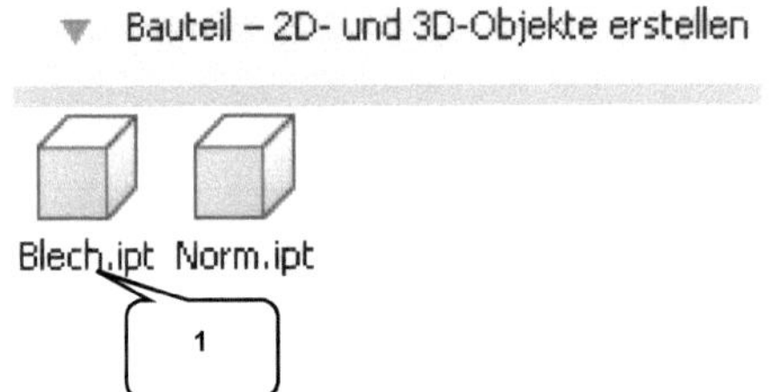

Erstellen Sie ein neues Blechteil (Blech.ipt) und **speichern** Sie es unter der Bezeichnung **Blechwanne**.

> 📄 **Neu**
> 📦 **Blech.ipt** (1)
> Erstellen **Erstellen**
> 💾 **Speichern** [Blechwanne]

11.2 Das Register BLECH im Überblick

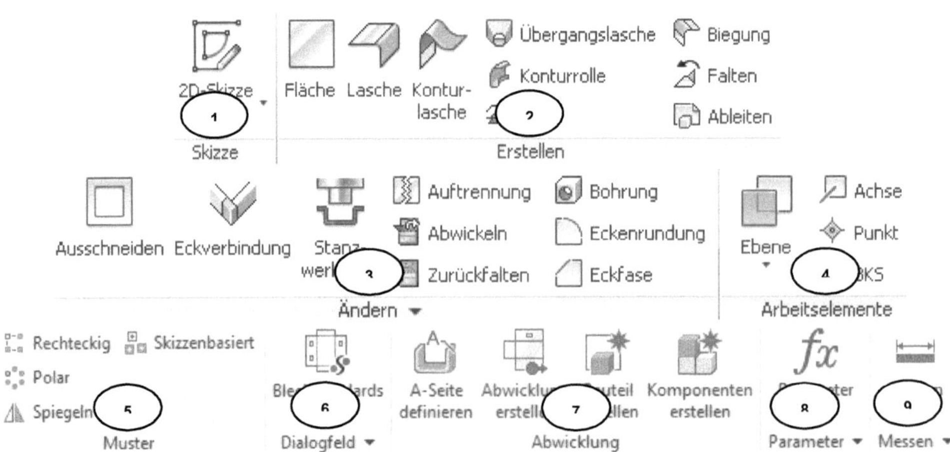

1) Neue Skizzen erstellen	6) Blechstandards bearbeiten
2) Skizze in Blechkörper konvertieren	7) Blechabwicklungen erstellen
3) Vorhandene Bleche bearbeiten	8) Parameter
4) Ebenen, Achsen, Punkte erzeugen	9) Abstände, Winkel, Konturen, Flächen
5) Muster (rechteckig, polar, gespiegelt)	messen

11.3 Die Blechwanne
11.3.1 Zeichnen der Basisskizze

Die folgende Übung soll einen kleinen Ausflug in den Bereich der Blechkonstruktion darstellen. Für den Motor soll eine Blechwanne konstruiert werden, die während Montagearbeiten (bspw. zum Auffangen von Flüssigkeiten) unter den Motor geschoben werden könnte. Zeichnen Sie im Skizzenbereich zuerst das folgende Rechteck:

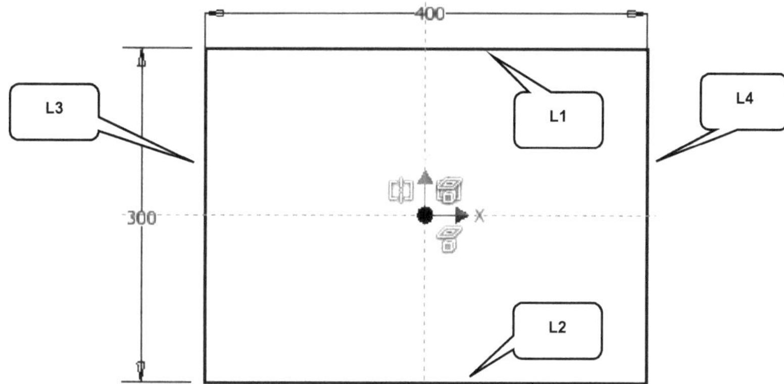

> ⚙ **Geometrie projizieren**
> Ordner **Ursprung** erweitern
> 3 Achsen anklicken
> Taste: ESC

> □ **Rechteck**
> Das oben dargestellte Rechteck (400 x 300 mm) zeichnen, bemaßen
> Taste: ESC

> ⊡ **Symmetrie**
> Nacheinander Linie (L1), Linie (L2) und die projizierte X-Achse wählen
> Taste: ESC

> ⊡ **Symmetrie**
> Nacheinander Linie (L3), Linie (L4) und die projizierte Y-Achse wählen
> Taste: ESC

> ✓ **Skizze fertigstellen**

13 PARAMETRISCHE ABHÄNGIGKEITEN

13.1 Parameter - Grundlagen

Die bisher erzeugten Skizzen, Bauteile und Baugruppen wurden einfach bemaßt. Eine weiterführende Möglichkeit der Konstruktion ist das Arbeiten mit **Parametern**. Werden Maße durch kleinere Gleichungssysteme ersetzt, dann entstehen kurze Prozessketten, die dazu verwendet werden können, um z. B. wiederkehrende logische Schritte vom Programm automatisch berechnen zu lassen. In der folgenden Übung soll die Skizze einer Bauteildatei parametrisiert werden. Die Skizze soll dann mehrfach exportiert und weiterverarbeitet werden.

13.2 Parametrisieren und Ableiten von Konturen einer Skizze
13.2.1 Basisskizze

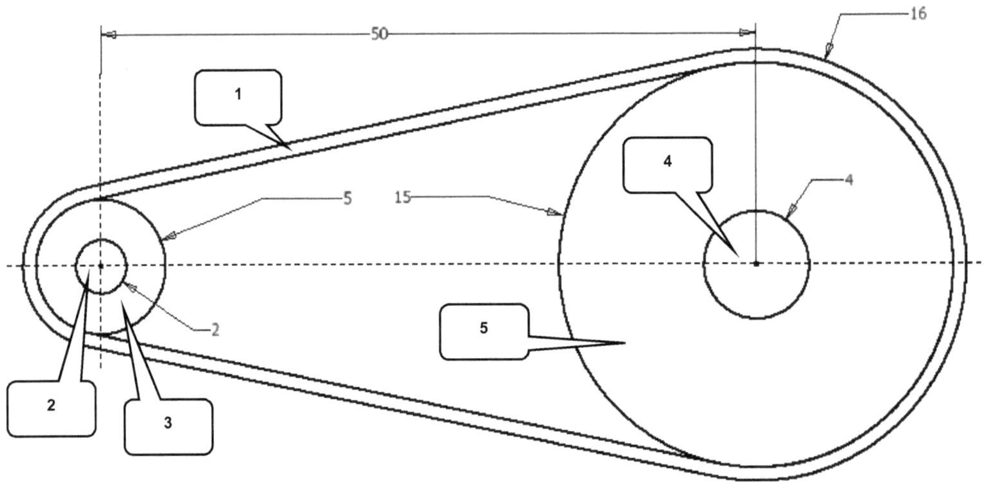

1) Riemen   2) Antriebswelle   3) Antriebsrad   4) Abtriebswelle   5) Abtriebsrad

Öffnen Sie die Datei **Parameter-Basisskizze** im Projektordner. Darin finden Sie eine Skizze mit einem vereinfacht dargestellten Riementrieb (s. o.).

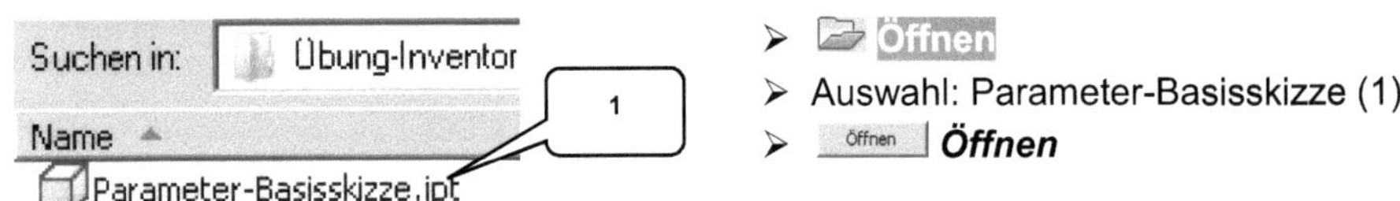

> Öffnen
> Auswahl: Parameter-Basisskizze (1)
> Öffnen **Öffnen**

13.2.2 Parameter bearbeiten

Starten Sie den Befehl f_x **Parameter**. In der ersten Spalte (Parametername) finden Sie die Modellparameter. Hier wurden vom Programm jedem Skizzenmaß Kurzbezeichnungen (d2...d11) zugewiesen, die jetzt geändert werden müssen. In der dritten Spalte (Gleichung) finden Sie die zugeordneten Bemaßungen, welche durch Gleichungen zu ersetzen sind.

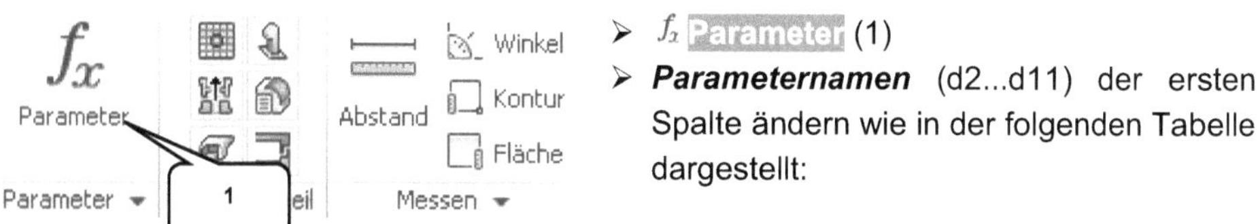

> f_x **Parameter** (1)
> **Parameternamen** (d2...d11) der ersten Spalte ändern wie in der folgenden Tabelle dargestellt:

Parametername (ALT) (2)	Parametername (NEU) (3)
d2	Abstand
d7	Radius_Riemen
d8	Radius_Abtriebsrad
d9	Radius_Antriebsrad
d10	Radius_Antriebswelle
d11	Radius_Abtriebswelle

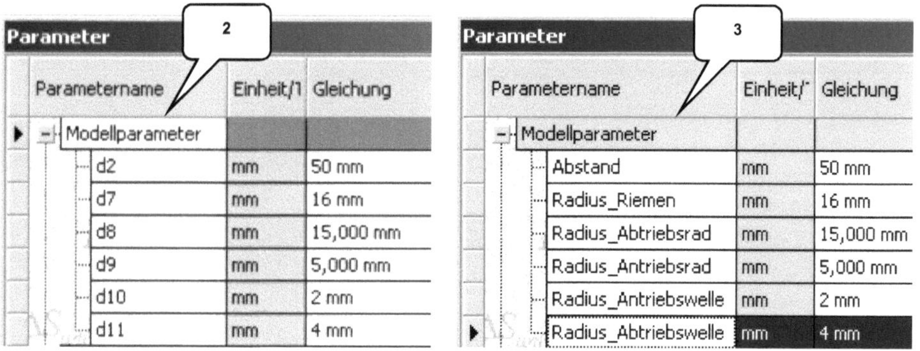

Fügen Sie jetzt drei **Benutzerparameter** hinzu, die als Schnittstelle zwischen Skizzen- und Modellbereich dienen sollen.

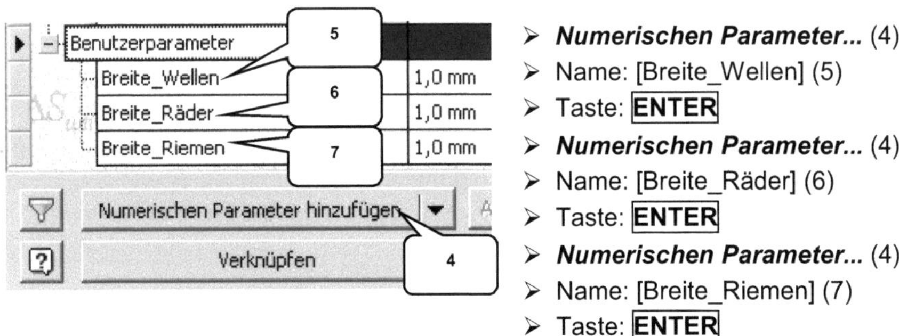

- ➢ *Numerischen Parameter...* (4)
- ➢ Name: [Breite_Wellen] (5)
- ➢ Taste: **ENTER**
- ➢ *Numerischen Parameter...* (4)
- ➢ Name: [Breite_Räder] (6)
- ➢ Taste: **ENTER**
- ➢ *Numerischen Parameter...* (4)
- ➢ Name: [Breite_Riemen] (7)
- ➢ Taste: **ENTER**

Die Inhalte der Spalte *Gleichung* (8) sind wie folgt zu ändern:

Parametername	Gleichung *(NEU)* (8)
Abstand	10 oE * Radius_Antriebsrad
Radius_Riemen	(0,5 oE * Radius_Abtriebswelle) + Radius_Abtriebsrad
Radius_Abtriebsrad	2,5 oE * Radius_Abtriebswelle
Radius_Antriebsrad	2,5 oE * Radius_Antriebswelle
Radius_Antriebswelle	2 mm
Radius_Abtriebswelle	2 oE * Radius_Antriebswelle
Breite_Wellen	Radius_Abtriebsrad * 2 oE
Breite_Räder	Radius_Abtriebsrad
Breite_Riemen	Radius_Abtriebsrad - 1 mm

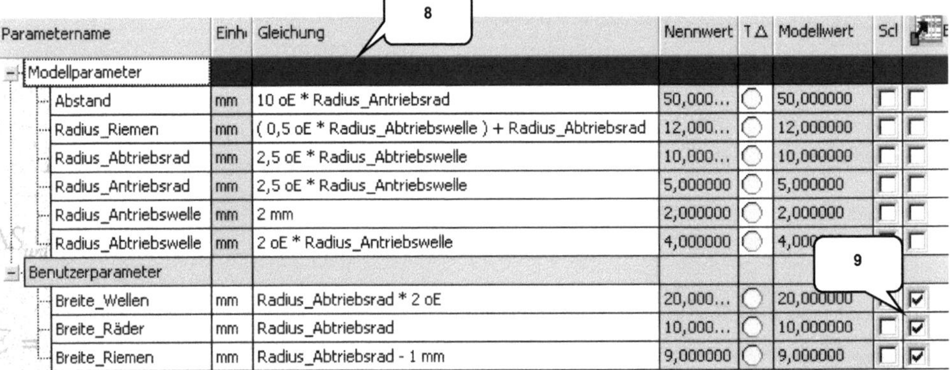

Markieren Sie die drei Benutzerparameter als 📇 *Exportparameter* (9) und beenden Sie den Parameter-Manager anschließend durch den Button [Fertig] *Fertig*.

INDEX

A

B

D

E